L'AGRICULTURE AVEYRONNAISE

DEVANT LE JURY DU CONCOURS

POUR

LA PRIME D'HONNEUR

ET

UN CULTIVATEUR DU CAUSSE.

Les derniers seront les premiers,
Les premiers seront les derniers.

PARIS

IMPRIMERIE CENTRALE DES CHEMINS DE FER

DE NAPOLÉON CHAIX ET Cⁱᵉ

Rue Bergère, 20, près du boulevard Montmartre.

1861

L'AGRICULTURE AVEYRONNAISE

DEVANT LE JURY DU CONCOURS

POUR

LA PRIME D'HONNEUR

PAR

UN CULTIVATEUR DU CAUSSE.

Les derniers seront les premiers;
Les premiers seront les derniers.

PARIS

IMPRIMERIE CENTRALE DES CHEMINS DE FER

DE NAPOLÉON CHAIX ET Ce

Rue Bergère, 20, près du boulevard Montmartre.

1861

A LA SOCIÉTÉ CENTRALE D'AGRICULTURE DE L'AVEYRON

A la mémoire de ses Fondateurs

HOMMAGE DE PATRIOTIQUE VÉNÉRATION

L'AUTEUR.

L'AGRICULTURE AVEYRONNAISE

DEVANT LE JURY DU CONCOURS

POUR LA PRIME D'HONNEUR.

Avant d'être en état de fonctionner avec une perfection convenable et de réaliser les avantages qu'on est en droit de leur demander, toutes les institutions nouvelles ont besoin de s'épurer au creuset de l'expérience et de la critique. L'institution de la prime d'honneur ne saurait échapper à cette loi. Elle a déjà subi plusieurs essais ; mais, pour que ces premières épreuves soient instructives et profitables, il reste à en étudier les résultats, à les analyser, à les discuter à fond. Cette tâche regarde les agriculteurs praticiens. La prime a été fondée pour eux, pour l'avancement de leur art, pour la prospérité de leur industrie : c'est à eux d'assurer la réalisation de ce vœu d'une équitable et réparatrice bienveillance en lui apportant l'aide d'un contrôle éclairé, loyal, vigilant.

Afin de remplir, dans l'humble mesure de nos forces, notre part du devoir commun, nous venons soumettre à nos confrères, dans les pages suivantes, quelques observations au sujet des travaux de la Commission régionale d'examen récemment appelée à se prononcer sur les prétentions rivales des représentants les plus éminents de l'agriculture aveyronnaise. Le trop juste sentiment de notre insuffisance nous ayant éloigné de cette lice, notre jugement ne se trouvera pas obscurci par les passions qui sont les suites ordinaires de la lutte. Nos appréciations pourront être fausses (et nous sommes prêt à confesser au besoin notre erreur), mais elles se tiendront constamment au-dessus de toute considération personnelle. Nous souhaiterions vivement de n'avoir à parler ici que des choses et non des hommes ; toutefois, en obéissant à regret à un pénible devoir, nous nous efforcerons de le remplir tout à la fois avec franchise et bienséance.

Le rapport lu par M. le comte d'Ussel dans la séance solennelle du 26 mai dernier, et dans lequel la Commission, présidée par M. l'inspecteur d'agriculture Boitel, a dû exposer les résultats de son enquête ainsi que les motifs de ses décisions, est la seule pièce officielle relative au concours de la prime d'honneur qui ait été rendue publique. Voici ce document qui servira de point de départ et de base à notre analyse. Nous le donnons en entier, d'après le texte publié par le *Napoléonien,* et nous invitons les lecteurs à lui accorder une attention particulière.

RAPPORT DE M. LE COMTE D'USSEL SUR LA PRIME D'HONNEUR.

« Messieurs,

» Chargé par la Commission de résumer dans un rapport toutes les observations qui ont été faites sur les propriétés des candidats à la prime d'honneur, nous venons aujourd'hui vous présenter ce travail, pour lequel nous réclamons toute votre attention et surtout votre indulgence.

» Il nous a personnellement inspiré un grand intérêt, en nous faisant étudier davantage un pays admirablement constitué par la nature même de son sol et l'énergique intelligence de ses habitants appelés à le féconder.

» Enorgueillissons-nous aujourd'hui du spectacle que nous avons sous les yeux. A l'appel de l'administration, tous ceux qui pouvaient utilement l'entendre n'ont-ils pas noblement répondu? Nos voisins, nos rivaux, se sont associés par leur présence à la pensée élevée, aux sentiments de sympathique bienveillance qui les avaient appelés! Les pages de notre catalogue se sont enrichies des noms les plus distingués parmi les protecteurs les plus dévoués de l'agriculture, en même temps que des plus modestes cultivateurs. Des visiteurs de tous les rangs se sont empressés d'accourir, et le concours de la prime d'honneur est devenu le plus utile, le plus complet, le plus expérimental qui ait encore eu lieu dans l'Aveyron.

» Nous ne venons pas ici vous faire une description géologique de ce département, de ses divisions politiques et administratives, de son industrie manufacturière et commerciale ; les limites de ce travail s'y opposent. Nous ne citerons que pour mémoire les monuments et les édifices qui se trouvent dans ce pays si riche de souvenirs historiques, attestés par les ruines plus ou moins bien conservées de ses châteaux et monastères, et ne rendrons hommage aux illustrations du passé que par un souvenir, hommage bien légitime des générations présentes à ces hommes qui par leurs études et leurs talents ont illustré leur pays. Leur passé glorieux nous répond de l'avenir, et dans cette grande lutte de l'intelligence, les rangs sont aussi pressés dans l'Aveyron que partout ailleurs.

» Permettez-moi, Messieurs, d'adresser un mot de souvenir à l'administration locale, qui protége avec tant de soin son agriculture. Honneur ! surtout honneur à ces hommes énergiques qui ne se rebutent de rien, vont toujours en avant, et disent aux populations : suivez-nous ! profitez de nos succès et de nos fautes, pour imiter les uns et éviter les autres ! Ces hommes ont la foi agricole et le dévouement du missionnaire ; ils sont bien véritablement les apôtres du progrès.

» Mais cependant, ces idées de progrès qui germent dans tous les esprits, par qui ont-elles été développées ?

Qui a su les faire grandir et leur donner les proportions qu'elles ont atteintes ? Ici, Messieurs, nous devons chercher plus haut, et rendre hommage à cette pensée forte et généreuse qui nous pousse, de toute la puissance de son inspiration, vers la prospérité agricole. C'est elle qui nous convie à ces réunions paisibles, où la société doit trouver de bienfaisantes émotions et de salutaires enseignements. Espérons que ces luttes innocentes seront bientôt les seules auxquelles nous serons appelés, et que dans l'avenir, cette noble et laborieuse classe de laboureurs, l'égale de toutes, cultivera paisiblement la terre qu'elle arrose de ses sueurs, après l'avoir glorieusement défendue de son sang.

» L'agriculture, Messieurs, a des récompenses pour toutes les ambitions légitimes. Elle ignore les fortunes qui ne sont pas le prix du temps ; mais elle promet à tous le bien-être, fruit du travail, et rapproche les hommes les uns des autres, en leur apprenant à se connaître et à s'aider.

» Dans cette voie, l'émulation est sans jalousie, car elle a toujours pour résultat, comme succès, cette propriété vivante que nous aimons et qui nous aime. N'est-elle pas entre nos mains le gage heureux de l'économie et du travail ? Dans l'Aveyron, ce sont les riches propriétaires qui ont éprouvé les premiers le besoin de sortir d'une agriculture stationnaire. Aussi a-t-elle singulièrement progressé depuis trente ans. Ces aspirations, énergiquement encouragées par une administration bienveillante, sage et éclairée, ont été bientôt traduites par de notables améliorations. La Commission a trouvé le matériel agricole perfectionné, les prairies artificielles plus nombreuses, les prairies naturelles mieux entretenues, le drainage commençant à se vulgariser, les terres mieux cultivées, les cours d'eau utilisés au profit des herbages, enfin l'emploi de la chaux généralisé, et le calcaire employé avec intelligence.

» Mais, avant de proclamer ici le lauréat de la prime d'honneur, disons un mot sur cette institution.

» La prime d'honneur n'est pas une distinction affectée à une spécialité agricole, même hors ligne. Elle n'est pas due à l'agriculteur dont une partie de l'exploitation serait irréprochable et dirigée avec toute l'intelligence possible, mais bien à celui dont l'ensemble de la culture et des bâtiments, un heureux choix dans la race et l'espèce de ses animaux, un matériel convenable d'instruments nécessaires à l'exploitation, la bonne tenue des étables et des fumiers peuvent servir de modèle dans le département, et auprès duquel on puisse trouver des conseils à suivre et des modèles à imiter.

» Ne croyez pas cependant que ces conditions soient suffisantes pour donner droit au premier rang. Il faut encore, il faut surtout arriver à obtenir des produits au prix de revient le plus bas possible. Car sans cela, la culture d'une propriété ne serait qu'une fantaisie coûteuse, qui ne devrait pas être encouragée. Il faut donc, avec des moyens d'action économiques, faire produire à la terre le plus possible, et réaliser le bénéfice le plus élevé.

» Quant aux spécialités, nous le disons et le répétons, le gouvernement les aime et les encourage par des médailles d'honneur, mais seulement comme introduction à un ensemble plus parfait d'exploitation, réservant sa grande récompense à celui qui est arrivé, et non à ceux qui sont encore sur le chemin.

» La Commission de la prime d'honneur a trouvé de bonnes et excellentes choses chez tous les candidats. Tous ont réussi dans des limites plus ou moins étendues; mais la propriété qui a rempli le mieux les conditions du programme est incontestablement celle du Clusel, appartenant à M. de Monseignat.

» Il n'est pas possible, dans un travail aussi limité, d'entrer dans le détail des améliorations qui ont été faites. Cependant nous ne pouvons résister au désir de vous donner un aperçu comparatif de ce qui était il y a trente ans et de ce qui existe aujourd'hui.

» Situé à 12 kilomètres de Rodez, et posé sur un sol argilo-siliceux, et un sous-sol de gneiss-micaschiste, le domaine du Clusel, d'une contenance de 157 hectares, était exploité par un fermier, ni mieux ni plus mal que les autres propriétés du voisinage. Il se bornait à retirer le plus de bénéfices, avec le moins d'entretien, de peine et de travail possible. Aussi cette culture avait-elle laissé le sol dans un état d'épuisement déplorable; mais peu importait au fermier qui était à fin de bail. A cette époque M. de Monseignat résolut de faire de l'agriculture progressive, et prit en main la direction de l'exploitation. Il y avait fort à faire. Il s'agissait de détruire les bruyères, genêts, ajoncs, colchiques et narcisses qui avaient envahi la propriété. Il fallait, en premier lieu, construire et meubler la ferme d'un cheptel suffisant, d'instruments et d'équipages convenables. Pour s'attaquer avantageusement à des ennemis aussi tenaces, l'exploitant leur opposa, aux uns la chaux, aux autres le drainage, à tous la persistance de l'effort et l'expérience du savoir.

» Voici les résultats qui ont été obtenus :

» L'impression qu'on ne peut s'empêcher d'éprouver, en arrivant dans la propriété, est celle de la surprise inspirée par la bonne tenue générale, qui décèle un esprit d'ordre et de régularité aussi parfait qu'il est plus rare.

» Là, toute chose est à sa place et sous la main, au premier besoin ; tout ici a un cachet de propreté qu'il est difficile d'obtenir dans une propriété agricole. Toutes les constructions, comme ensemble et comme détail, ne laissent rien à désirer, et sont parfaitement appropriées aux différentes nécessités de l'exploitation. Les vaches sont fort belles, les bœufs de travail bien choisis, forts, vigoureux et de bonne qualité. La porcherie est bien tenue, bonne et régulière. Le troupeau a été plus lent à se constituer. Plusieurs essais ont été faits. Mais dans ce moment, la race est fixée, et les bêtes sont de belle et bonne qualité.

» On y trouve un bon choix d'instruments de ferme perfectionnés, et l'on a constaté qu'entre les mains de l'habile propriétaire, ils n'étaient pas des instruments de parade uniquement destinés à passer sous les yeux de la Commission.

» Des irrigations exécutées dans toutes les règles d'une judicieuse pratique, et de nombreux drainages, établis avec intelligence et bien réussis, ont prouvé une fois de plus tout ce que le sol pouvait obtenir de cet amendement. Les faibles récoltes de seigle ont été remplacées par des céréales d'un bon rendement, par les prairies artificielles très-bonnes et bien venues, par les cultures sarclées, belles, nettes et soignées. Aux prairies naturelles, infestées de mauvaises herbes, a succédé un gazon de bonne nature et donnant un excellent fourrage.

» La comptabilité en partie double, et fort bien tenue, constate, par la balance des comptes pertes et profits, que si l'agriculture est pour M. de Monseignat une occupation agréable, elle est aussi fort productive, puisqu'il est arrivé à tripler le revenu de sa propriété. En résumé, le domaine du Clusel présente un ensemble fort remarquable de cultures, d'animaux, d'instruments, et de bâtiments d'exploitation. Tous ces différents détails se complètent merveilleusement les uns les autres, et font deviner dans le propriétaire cette longue pratique qui juge et compare, et sait faire tourner à son profit l'expérience des autres.

» Mais, Messieurs, d'autres exploitations aussi ont excité l'intérêt de la Commission au plus haut point, et lui ont fait vivement regretter de ne pas avoir plusieurs primes d'honneur à distribuer. Le département de l'Aveyron peut être fier de son agriculture et de ses agriculteurs ; car il est bien rare de trouver une victoire aussi vivement disputée, et par des concurrents aussi méritants et aussi sérieux.

» Plusieurs d'entre eux ont présenté sinon un ensemble complet, du moins des spécialités bien remarquables. Aussi le jury a-t-il cru devoir leur offrir des médailles d'or, pour les récompenser des efforts qu'ils ont faits et des bons exemples qu'ils ont donnés.

» Ces médailles ont été distribuées comme il suit :

» A M. Dissez, à Cantagrel, arrondissement de Villefranche, pour la perfection de ses récoltes sarclées ;

» A M. Dufau, pour la bonne disposition de ses constructions rurales ;

» A M. Rodat, d'Olemps, pour son troupeau et la construction de sa bergerie.

» A M. Rodat, de Druelle, pour son drainage et ses irrigations ;

» A M. Durand, de Gros, pour la déviation des eaux de l'Aveyron ;

» A M. Barascud, arrondissement de Saint-Affrique, pour la déviation des eaux du Dourdou et pour ses irrigations ;

» A M. Ygrier, colon de M. Barascud, pour la profondeur et la perfection de ses labours. »

« (On remarque que cette liste officielle ne contient pas le nom de M. Itier, qui figurait par erreur dans le compte rendu de la distribution solennelle des prix que nous avons publié mardi.) »

(Napoléonien du 4 juin 1860.)

Le décret d'institution de la prime d'honneur porte en substance que cette récompense sera décernée au cultivateur qui aura réalisé les améliorations les plus importantes et dont l'exploitation, dirigée avec plus de science, plus d'économie et plus de profit que toute autre, aura été jugée la plus digne d'être offerte en exemple à l'imitation du département.

Telles sont les intentions bien formelles du pouvoir. La Commission qui a été désignée pour venir les accomplir dans l'Aveyron, a-t-elle eu le bonheur de trouver dans son sein tous les éléments indispensables pour faire face aux difficultés de ce mandat? Convaincue de sa grave responsabilité et fermement résolue à donner à ses consciencieuses investigations tout le soin et tout le temps nécessaires, a-t-elle considéré qu'il fût de toute rigueur de n'accepter les assertions d'aucun des concurrents que sous bénéfice d'inventaire, et de ne statuer sur la valeur de ses prétentions qu'après un mûr examen de ses travaux et de ses comptes? Comprenant que les titres de ce genre de candidatures ne peuvent être sérieusement jugés sans qu'on jette les yeux sur le passé du candidat, sans avoir égard à tous les actes marquants qui constituent les jalons de sa carrière d'agriculteur, la Commission a-t-elle daigné consulter nos annales agricoles pour y lire l'histoire professionnelle des divers prétendants, pour y compter leurs succès et leurs échecs, pour dresser, d'après des documents authentiques, l'état comparatif des services que chacun a rendus au progrès de l'art, comme aussi des fautes par lesquelles il pourrait l'avoir desservi? Afin d'arriver à une saine appréciation des diverses pratiques respectivement en usage sur les diverses exploitations qu'ils avaient à comparer, MM. les commissaires ont-ils bien pris garde de constater, avant tout, les conditions d'économie rurale particulières à notre pays de montagnes et d'herbages, et puis ont-ils tenu suffisamment compte de cette donnée fondamentale? En somme, le choix auquel la Commission a cru devoir s'arrêter, après avoir mis en balance les titres de nos dix ou douze cultivateurs les plus renommés, est-il ce que l'on peut appeler un choix heureux, c'est-à-dire un choix tel que l'acclamation publique le ratifie et qui commande le respect de tous?

En d'autres termes, l'exploitation du Cluzel réalise-t-elle véritablement, comme le rapport l'affirme avec une assurance si péremptoire, le plus haut degré d'excellence que la pratique de l'agriculture ait atteint jusqu'à ce jour dans le département? Cette exploitation est-elle en réalité la plus rationnellement organisée, la plus sagement administrée, la plus habilement conduite, et enfin, ce qui dit tout, celle qui atteste sa supériorité intrinsèque sur toutes les autres par la supériorité du résultat final, par la supériorité des bénéfices? Enfin les cultivateurs aveyronnais peuvent-ils s'abandonner en toute sécurité au conseil que la Commission leur adresse par l'organe de son rapporteur en les conviant à suivre les traces de son élu, et à voir en lui le praticien consommé dont chacun de nous devrait désormais faire son maître, son guide et son modèle?

Nous l'avouons, nous n'avons pas cru devoir nous fier à nos seules lumières pour résoudre des questions aussi épineuses; nous les avons proposées aux hommes de notre profession qui, par leur expérience et leur caractère, ont le plus d'autorité parmi nous. Il faut bien le déclarer, leur réponse a été unanime; elle a été unanimement et énergiquement négative, et l'expression du même sentiment se rencontrait partout, dans toutes les classes de la population. Notre esprit s'est alors trouvé dans une situation singulièrement perplexe : il éprouvait le besoin de se créer une opinion capable de concilier notre respect pour le jugement de nos estimables concitoyens avec la considération bien naturelle qui s'attache à des personnages étrangers qui ont été reconnus dignes d'être envoyés parmi nous pour y remplir une mission des plus importantes et des plus honorables. Aussi attendions-nous avec avidité qu'une voix contradictoire s'élevât au milieu de ce concert de blâme pour désarmer, au moyen de quelque explication imprévue, une accusation qui n'était pas moins formelle et moins explicite qu'elle était grave de sa nature et qu'elle était générale. Mais notre attente a été trompée.

Nous devons exprimer ici une surprise et un regret à l'honorable rapporteur de la Commission de la prime d'honneur ; c'est qu'il n'ait point considéré comme un devoir de haute et stricte convenance et comme une indispensable décharge de sa lourde responsabilité, de formuler en termes clairs et catégoriques, pour la satisfaction des concurrents éliminés et pour l'édification générale, les raisons, toutes les raisons qui ont amené le jury à rendre un verdict qui heurte de front les convictions les plus fortement arrêtées dans la conscience du pays.

En matières aussi graves, il n'est permis d'arrêter sa manière de voir qu'après avoir pris la peine de vé-

rifier soigneusement toutes les données de la question.
Aussi, placé entre le rapport des commissaires et les
contradictions auxquelles il est en butte, n'avons-nous
cru pouvoir nous tirer d'embarras qu'en prenant conseil de l'autorité brutale devant laquelle s'inclinent
toutes les autres, l'autorité des faits. Il est un établissement rural que le rapport élève jusqu'aux nues et
que l'opinion publique place assez bas : nous sommes
allé juger de la vérité par nos propres yeux ; il est
quelques établissements rivaux dont l'éloge est depuis
nombre d'années dans toutes les bouches aveyronnaises
et à l'égard desquels le rapport garde une réserve dont
tout le monde a été surpris et attristé ; nous avons
également tenu à les visiter. Mais c'était trop peu : nous
avons été secouer la poussière de nos archives dépar-
tementales pour compulser le dossier agricole de ceux
qui étaient naguère compétiteurs pour la prime d'honneur. Il est d'autres portes encore auxquelles nous
sommes allé frapper, d'autres sources où nous avons
puisé des renseignements instructifs. Exposons en termes
sommaires le résultat de ces démarches.

Ayant à considérer successivement les titres des divers candidats que le jury de la prime d'honneur a
trouvés dignes d'être portés sur la liste de ses récompenses, il est naturel que, dans cette revue, nous suivions
l'ordre nominal dans lequel ces honorables concurrents
ont été classés d'après leurs mérites, conformément à
l'appréciation qu'en ont faite MM. les commissaires régionaux. Toutefois il convient de remarquer, avant d'aller
plus loin, que, par une bizarre destinée, cette classi-

fication du mérite agricole aveyronnais se trouve, presque d'un bout à l'autre, en contradiction directe avec celle qui a été établie par les commissions indigènes chargées pendant vingt ans de désigner le lauréat de la prime départementale annuelle, et dont les arrêts si intelligents et si scrupuleux ont fait à notre Société centrale d'agriculture une position suréminente dans l'estime, la confiance et l'amour du pays.

M. DE MONSEIGNAT. — La Commission d'examen a proclamé la pratique agricole de M. de Monseignat non-seulement la meilleure, mais encore la seule qui fût complète et qui méritât, par la perfection des détails et de l'ensemble, de servir de modèle à la culture aveyronnaise. Et, à leur tour, nos cultivateurs de se récrier en protestant que M. de Monseignat ne fut jamais qu'un écolier en agriculture, que toutes ses entreprises sont autant d'*écoles* qui lui ont coûté cher et ne lui ont rien appris, et que ses exemples, loin de nous montrer le chemin qui mène à la prospérité, nous conduiraient inévitablement aux abîmes. On va plus loin, et l'on nie formellement l'existence des faits matériels invoqués par le rapport à l'appui de ses conclusions.

L'honorable M. de Monseignat a eu le malheur d'être loué outre mesure et sans mesure au détriment de ses concurrents. Comme tout excès provoque un autre excès dans le sens contraire, le sentiment public a réagi, un peu fort peut-être, contre les imprudentes exagérations et le ton tranchant du panégyriste.

Nous nous croyons suffisamment campé sur la question pour pouvoir déclarer, et nous sommes heureux d'en trouver l'occasion , que si le pays est en droit de refuser son assentiment au jugement qui confère la prime d'honneur au président de sa Société d'agriculture , c'est en même temps un devoir de justice et de reconnaissance de ne point méconnaître les efforts persévérants, le zèle infatigable que M. de Monseignat a mis pendant trente ans au service des intérêts agricoles de la contrée.

On ne manquera pas de nous objecter que ces tendances, bien qu'excellentes en elles-mêmes , ont rarement atteint le vrai but; que des innovations entreprises avec trop peu de discernement et de prudence ont eu pour effet naturel de discréditer les idées de progrès parmi nous et par suite de retarder l'adoption de mainte réforme salutaire. Nous devons le reconnaître, les combinaisons de M. de Monseignat sont en général moins bonnes que ses intentions ; mais celles-ci en sont-elles moins louables ? Et d'ailleurs , si quelques-uns se sont fourvoyés à la suite de cet explorateur hasardeux, n'avons-nous point, tous tant que nous sommes, profité de ces expériences, quel qu'en ait été le résultat ?

Nous devons à M. de Monseignat la création d'une race de porcs qui n'est pas sans doute à la hauteur des bonnes races anglaises, mais qui constitue pourtant un perfectionnement très-avantageux sur celle du pays. M. de Monseignat n'est point sans doute, comme des amis trop officieux ont eu la maladresse de l'avancer, notre initiateur à la pratique du chaulage et du drainage ; mais l'on doit reconnaître que ces puissants móyens d'amélioration n'ont pas eu, dans le Ségala, auquel ils sont spécialement appropriés, de propagateur plus actif et plus influent que le propriétaire du Cluzel.

Avide de tout ce qui est rare, étrange ou nouveau, M. de Monseignat tient à cœur de faire de sa ferme une sorte de musée pour toutes les curiosités botaniques, zoologiques et mécaniques qui se rattachent à l'agronomie, et une sorte de laboratoire d'essai pour toutes les méthodes, théories et systèmes, à mesure qu'ils se produisent à l'horizon de la publicité. Il nous a fait faire connaissance dès le principe avec le petit cochon chinois, la grosse poule brahma-poutra, l'oie d'Égypte, le rutabaga, l'igname de Chine, toutes les variétés de blé, le sorgho à sucre, etc., et aussi avec le *chou colossal* de vieille et trop fameuse mémoire, si nous nous souvenons bien. Il nous montre, réunis sous le même hangar, un tordoir à cidre, une petite huilerie, une petite féculerie, une batteuse à manége ; il continue à pratiquer, mais à la vérité sur une échelle fort restreinte, la sériciculture ; il s'essaye à la sylviculture, et déjà il est passé maître en pisciculture.

Cette multiplicité de soins minutieux et divergents entre lesquels toute l'activité d'un homme s'éparpille et se dissipe, paraîtra pur enfantillage au prosaïque praticien, exclusivement préoccupé de réaliser le maximum de produit net ; mais l'observateur placé au point de vue de la science expérimentale devra se montrer plus indulgent.

Ancien élève de Roville, M. de Monseignat est familier avec la littérature agronomique, et c'est un a qu'il possède sur la plupart de ses confrères, des plus instruits d'ailleurs. Grâce à l'aménité de ses manières non moins qu'à son érudition variée, grâce à beaucoup d'entregent, à un zèle émulatif, actif, entreprenant, à une grande souplesse d'esprit et de caractère, ainsi qu'à des habitudes parlementaires, auxquelles il s'est formé dans les assemblées politiques, il se montre, de l'aveu de tous, éminemment apte à diriger les travaux de la Société d'agriculture, qui l'a fait son président. M. de Monseignat mérite donc les égards, la reconnaissance même, de ses confrères et de ses concitoyens.

— Sans doute, nous dira-t-on ; mais de tout cela il ne résulte aucunement que M. de Monseignat fasse de la bonne agriculture, et que l'exercice de cet art ne soit pour lui une occasion de dépenses plutôt qu'une source de bénéfices. — Nous ne saurions en disconvenir, le lauréat de la prime d'honneur est un amant passionné de l'industrie champêtre, et, comme tout amour sincère et profond, le sien peut bien dédaigner les calculs de l'intérêt ; loin de prélever un tribut sur l'objet de sa passion, M. de Monseignat l'a comblé peut-être de ses largesses. Mais est-ce donc là un bien grand mal, et doit-on blâmer le grand seigneur qui, au lieu d'aller porter ses revenus dans les gouffres du jeu, à Baden-Baden ou ailleurs, trouve plus agréable de les employer à parer de riantes cultures une nature âpre et sauvage où l'œil attristé ne rencontrait que la bruyère et l'ajonc ? Il conviendrait plutôt, à notre avis, d'instituer pour ces personnes opulentes une prime destinée à encoura--

ger chez elles cette salutaire prodigalité, une prime toute d'honneur, et non d'argent, il va sans dire.

Les longs et larges sacrifices pécuniaires que M. de Monseignat a faits à ses goûts agricoles lui vaudraient incontestablement cette palme ; mais il n'a pas cru que ce fût la seule à laquelle il pût justement prétendre : le premier de tous comme agriculteur amateur, il s'est flatté d'être à la tête des agriculteurs *praticiens* dans la sévère et inflexible acception du mot. A-t-il eu raison, a-t-il eu tort ? C'est ce que nous sommes dans l'obligation d'examiner maintenant.

M. de Monseignat s'est mis sur les rangs pour la prime départementale annuelle, dès la première année de sa fondation, c'est-à-dire en 1840, et cette récompense lui était accordée en 1845. Dans un premier mémoire, daté de Rodez le 7 février 1841, où M. de Monseignat fait l'histoire de ses travaux, l'un des titres qu'il fait valoir à l'appui de sa candidature se trouve exprimé dans le passage suivant :

« 8° Je me suis livré très en grand à la culture du mûrier ; mes plantations couvrent une surface de plus de 13 hectares, sans compter les pépinières, qui contiennent dix mille pieds de pourettes. 4 hectares de ces terrains ont été défoncés à la profondeur de 0ᵐ,80, et au prix de 10 c. le mètre, ce qui porte la dépense à 4,000 francs. J'ignore si dans le département quelqu'un peut offrir une pareille étendue plantée en mûriers, et des travaux aussi considérables, et j'avoue que je ne connais pas de concurrent qui, dans cette spécialité, puisse rivaliser avec moi.

» 9° Je fais construire, au chef-lieu du département, une magnanerie pour 30 onces de graine.

» Deux systèmes de magnaneries sont aujourd'hui en présence ; le premier, le plus ancien, celui de Dandolo, est connu de tout le monde ; le second, plus récent, celui de M. Darcet, où ce savant a pratiqué un nouveau mode de ventilation et de chauffage.

» Je n'hésite pas, quoique ces dernières constructions soient plus chères, à les adopter, parce que je crois qu'il sera utile pour le pays de constater les avantages et les inconvénients des nouvelles magnaneries dites *salubres*, et je m'expose à des revers pour en éviter aux autres. Ma magnanerie sera peut-être la seule de ce genre à 30 lieues à la ronde. »

Cette importante opération suggérait les observations suivantes au rapporteur de la Commission d'examen, l'honorable M. de Cabrières :

« Les frais de ces travaux ont dû être considérables, puisque la plantation des mûriers a nécessité, dans une pièce de terre de la contenance de 4 hectares, un défoncement qui a coûté 4,000 francs, et l'établissement des petites usines 6,000 francs ; mais M. de Monseignat, bien que sûrement ses dépenses aient été bien entendues, nous a mis dans l'impossibilité d'apprécier les bénéfices qu'il a pu retirer de ses frais, dont il n'a pas fourni un état. »

L'année suivante, M. de Monseignat répondit à ces objections dans un nouveau mémoire. Voici ce que nous y lisons :

« J'avais donné aussi un état des dépenses affectées
à mes plantations de mûriers, et je n'avais pas parlé du
revenu net ; mais cela m'était et m'est encore impossible. On conçoit bien qu'on ne puisse produire qu'une
appréciation fort inexacte de résultats inconnus et sujets à des éventualités si nombreuses. J'espère avoir
bien calculé; l'avenir m'apprendra si je me suis
trompé. Malgré le doute qui peut être élevé, j'ai fait
encore cette année une plantation d'environ quinze cents
sujets. »

Dix-neuf ans se sont écoulés depuis que M. de Monseignat écrivait ce qu'on vient de lire. L'avenir auquel
il renvoie son questionneur importun, l'avenir a parlé.
Et comment cet oracle a-t-il parlé ? Il serait cruel de le
demander à M. de Monseignat, car tel a été l'événement qu'il lui a laissé seulement pour son cœur cette
consolation prévue de *s'être exposé à des revers « pour en
éviter aux autres !* » Les milliers de mûriers plantés à
frais énormes sur un terrain rocheux où le défoncement
du sol absorbait à lui seul au moins 1,000 francs par
hectare, ces mûriers chargés des plus riches promesses
ont eu le sort de l'arbre stérile de l'Évangile : ils ne pro-
duisaient pas de fruits, pas même de feuilles, ils ont été
traités comme ils méritaient. Quant à la magnanerie
monumentale que **M.** de Monseignat avait érigée dans
l'enceinte du chef-lieu et loin de ses plantations par un
choix d'emplacement dont nous ne pouvons nous rendre
compte, il va sans dire qu'elle est restée vierge de l'u-
sage auquel elle avait été consacrée. Son fondateur,

plus heureux que sage, a été assez favorisé par les circonstances pour se défaire avantageusement de cette
construction pour lui désormais inutile. Elle sert maintenant d'école publique. Et pourtant les avertissements
n'avaient point manqué à M. de Monseignat. Qu'il se
rappelle quels efforts d'éloquence fit un de ses ex-con-
currents à la prime d'honneur pour l'arrêter, lui et
quelques autres, sur la pente d'un engouement dont les
conséquences désastreuses étaient clairement prévues et
prophétisées dans les termes les plus précis.

, Lorsque la prime départementale fut accordée à
M. de Monseignat en 1845, la culture du mûrier dans
le département de l'Aveyron, à l'altitude de Rodez,
n'avait pas encore été définitivement condamnée par l'expérience, et il est présumable que les vastes plantations
de M. de Monseignat et la construction de sa magnanerie modèle ne furent pas des considérations étrangères
à la décision prise cette fois en sa faveur.

Faut-il conclure de cet échec que toutes les spécu-
lations agricoles de M. de Monseignat sont basées sur de
faux calculs? Non certainement ; mais nous y voyons un
motif légitime de douter de son sens pratique, et nous
devrons continuer à douter jusqu'à ce qu'on nous ait
prouvé qu'une rare faveur de la nature unit en lui à
des inclinations artistiques un don qui est la qualité
fondamentale et indispensable du cultivateur comme de
l'industriel et du commerçant, et sans lequel la passion
du progrès, des innovations et des améliorations est pour
eux un entraînement des plus dangereux. Mais ces
preuves, où les trouverons-nous? Qu'on ne s'y méprenne

point, ici la question n'est plus de savoir si M. de Monseignat a transformé des bruyères en champ de seigle, ou de trèfle ou de betteraves; s'il a substitué chez lui l'assolement alterne à l'assolement triennal; s'il a pratiqué en grand le chaulage et le drainage; ce sont là des faits incontestables que nous avons vus et que nous nous plaisons à proclamer. Le seul point qu'il importe ici de fixer, c'est la valeur de ces opérations, non pas en les considérant au point de vue du pittoresque, ou bien comme études expérimentales d'agrologie, de chimie et de physique agricoles, de phytotechnie, de zootechnie, mais en les estimant au point de vue de l'application des lois de l'économie rurale, au point de vue de la pratique du métier agricole, au point de vue du but final de cette industrie, le même que pour toute autre, c'est-à-dire au point de vue du profit pécuniaire.

Nous avons donné un aperçu des œuvres dont se recommandait la candidature de M. de Monseignat à la prime départementale, et nous savons que penser de cette recommandation. Les titres nouveaux qu'il peut s'être créés depuis, et qu'il a dû faire valoir devant la Commission de la prime d'honneur, n'ont pas été soumis à l'appréciation publique ; mais on peut tenir pour certain que le rapport de la Commission n'a pas négligé d'en indiquer au moins les plus considérables dans l'analyse peu substantielle, peu raisonnée, il est vrai, mais très-affirmative où, à propos d'une comparaison à établir entre les divers candidats, on trouve bon de les oublier tous pour nous faire entendre l'éloge d'un seul.

Tout ce que nous dit M. d'Ussel se résume en deux

affirmations : 1° Il nous affirme que la vue du Cluzel l'a émerveillé ; jusque-là nous n'avons rien à dire, les impressions ne se discutent pas ; mais l'enthousiasme de M. le rapporteur a été jusqu'à illusionner ses yeux, et lui montrer des perfections fantastiques en maintes places occupées par des défauts très-réels. Nous aurons à lui signaler cette méprise. 2° M. d'Ussel nous affirme que la culture qui se pratique au Cluzel est une culture lucrative, essentiellement et incomparablement lucrative. Ici nous entrons dans le vif de la question, et c'est là-dessus que la discussion devra surtout s'appesantir.

Rappelons quelques-unes des paroles de M. le commissaire rapporteur :

« L'impression qu'on ne peut s'empêcher d'éprouver en arrivant dans la propriété, est celle de la surprise inspirée par cette bonne tenue générale qui décèle un esprit d'ordre et de régularité aussi parfait qu'il est plus rare.

» Là, toute chose est à sa place et sous la main, au premier besoin; tout ici a un cachet de propreté qu'il est difficile d'obtenir dans une propriété agricole. Toutes les constructions, comme ensemble et comme détails, ne laissent rien à désirer et sont parfaitement appropriées aux différentes nécessités de l'exploitation. Les vaches sont fort belles, les bœufs de travail bien choisis, fort vigoureux et de bonne qualité. La porcherie est bien tenue, bonne et régulière. Le troupeau a été plus lent à se former. Plusieurs essais ont été faits, mais dans ce moment la race est fixée, et les bêtes sont de belle et de bonne qualité.

» On y trouve un bon choix d'instruments de ferme perfectionnés, et l'on a constaté qu'entre les mains de l'habile propriétaire, ils n'étaient pas des instruments de parade uniquement destinés à passer sous les yeux de la Commission.

» Des irrigations exécutées dans toutes les règles d'une judicieuse pratique, et de nombreux drainages établis avec intelligence et bien réussis, ont prouvé une fois de plus tout ce que le sol pouvait obtenir de cet amendement. Les faibles récoltes de seigle ont été remplacées par des céréales d'un bon rendement, par des prairies artificielles très-bonnes et bien venues, par des cultures sarclées, belles, nettes et soignées. Aux prairies naturelles, infestées de mauvaises herbes, a succédé un gazon de bonne nature et donnant un excellent fourrage.»

Nous venons de parcourir le Cluzel, et maintenant nous sommes en mesure de combler certaines omissions du rapport et d'en rectifier quelques erreurs.

Nous sommes étonné que l'impression de M. d'Ussel ait été jusqu'à la surprise à l'aspect de *l'ordre*, de la *propreté*, du *bon arrangement*, de *la bonne tenue générale* et particulière qui a frappé sa vue à son entrée sur les terres de M. de Monseignat. Ce spectacle, qui paraît nouveau pour l'honorable délégué de la Creuse, est chose assez commune dans notre pays, quoi qu'on en dise, et ces qualités, dont on fait honneur à l'exploitation du Cluzel comme d'une exception aussi rare que précieuse, se montrent à un degré non moindre et quelquefois bien supérieur dans toutes nos fermes de premier ordre.

« Toutes les constructions, comme ensemble ou comme détail, ne laissent rien à désirer. » Nous sommes entré dans une assez vaste écurie : les dispositions intérieures nous en ont paru imparfaites. On y voit rassemblés, sans aucune cloison qui les sépare, les bœufs, les vaches, les génisses, les taureaux et jusqu'aux chevaux.

« Les vaches sont fort belles. » Tout respect gardé envers MM. les commissaires, ces animaux nous ont paru fort médiocres, si nous en exceptons trois ou quatre individus croisés du sang d'Aubrac et du sang de Berne, et qui ont hérité en partie des formes amples qui caractérisent la race suisse. On sait d'ailleurs que la vacherie de M. de Monseignat ne brille guère dans les concours que par son absence. Elle n'a pas eu une seule nomination au concours régional de Rodez, pas plus que dans aucun autre du département. « Les bœufs de travail bien choisis, etc. » Nous reconnaissons la justesse de cette appréciation. « La porcherie est bien tenue. » Sans contredit, et le rapport ne rend qu'incomplétement justice à cette partie de l'exploitation. « Le troupeau a été plus lent à se constituer. » Nous regrettons de n'avoir pas pu le voir. Un connaisseur digne de confiance nous apprend que l'espèce ovine était honorablement représentée au Cluzel par un troupeau de brebis issues d'un bélier de la Charmoise; mais on ajoute que ces animaux sont en voie de dégénérescence depuis que le marc de pommes, qui constituait une partie notable de leur régime, leur a été supprimé par suite de la cessation à peu près complète de la fabrication du cidre pratiquée en grand par M. de Monseignat il y a quelques années.

« Des irrigations exécutées dans toutes les règles, etc. » On dit en effet que M. de Monseignat n'a rien épargné pour faire régner dans son enclos la fraîcheur et la verdure ; mais les travaux exécutés dans cette enceinte réservée aux plaisirs du maître, et qui fait partie de son habitation privée, restent nécessairement en dehors de notre compétence. Nous devons toutefois remarquer à ce propos que la plus vaste et la plus riche prairie de la propriété a été sacrifiée par M. de Monseignat à la création de son parc dont les allées sablées, les bouquets d'arbustes, les kioskes, les pièces d'eau, les serres, les faisanderies, etc., ont nécessairement dû beaucoup restreindre l'ancien empire de la faux. Ce n'est point là joindre l'utile à l'agréable, *utile dulci*, mais l'agréable à l'utile, non toutefois sans détriment pour ce dernier. Mais ce n'est point du château qu'il s'agit ; revenons à la ferme.

Ici nous trouvons bien quelques travaux d'irrigation, mais il nous ont paru dans un état d'entretien déplorable. Une longue prairie s'étendant sur les deux aspects d'une étroite vallée, est parcourue par un système de rigoles convenablement entendu, mais on a jugé à propos de mettre en pacage la partie supérieure, et il en est résulté que les fossés ont été dégradés à leur naissance par le piétinement des animaux au point d'être impropres à la conduite de l'eau. D'ailleurs cette eau coule en trop petite quantité pendant la saison des chaleurs pour ne point se perdre en entier par l'évaporation ou l'infiltration. Pour l'utiliser en tout temps, il eût été indispensable de la recueillir à sa source dans un réservoir. A peu de distance de là, s'étend, sur un autre pli de terrain, une pâture marécageuse qui était naguère en face du pré, comme l'attestent de nombreuses rigoles oblitérées. Ces canaux d'arrosement étaient alimentés par un grand bassin qui domine la pièce. Aujourd'hui ce bassin est sans eau et abandonné. Nous en avons rencontré plusieurs autres: ils étaient tous à sec ou même en ruines. Nous ne saurions donc nous associer à l'admiration de M. le rapporteur pour les irrigations du Cluzel. Passons aux drainages.

Nous avons examiné avec une attention particulière le champ qui s'étend à droite, au bord de la route de Rodez au Lac, sur une longueur d'environ 400 mètres. Cette pièce passe pour être le théâtre principal des exploits agricoles de M. de Monseignat, et, comme on dit vulgairement, son grand cheval de bataille. C'était autrefois une terre vague et aqueuse imposée à raison de 25 centimes l'hectare. M. de Monseignat a entrepris de l'assainir et l'a fait drainer à fond. Que ces drainages aient été « établis avec intelligence », nous n'en saurions douter, puisque c'est l'œuvre de MM. les ingénieurs des ponts et chaussées ; mais on ajoute qu'ils « sont bien réussis », et en ceci l'on se trompe ; cette opération de desséchement est au contraire *très-imparfaitement réussie*, et la preuve en est manifeste. Le terrain drainé porte actuellement, entre autres récoltes, un seigle : c'est le plus mauvais, ou pour être plus exact, le seul mauvais blé du Cluzel. Ce seigle a été détruit en partie dans l'hiver par l'humidité du sol. Pour dérober, dit-on, à certains regards, cette récolte peu avantageuse, on a pris le parti de l'enfouir par un labour, ce qui eut effectivement lieu peu de jours avant la dernière foire du Lac, ainsi que tous les marchands venus du côté de Rodez l'ont remarqué. La partie conservée présentait de nombreuses trouées que l'on a cherché à garnir par un nouveau semis de seigle de printemps.

Les blés du Cluzel nous ont paru généralement beaux, particulièrement ceux qui avoisinent l'habitation. Quant aux prairies naturelles, nous les avons trouvées aussi mauvaises qu'elles le sont, en cette année de disette, dans les cantons les plus affligés. Elles ne sont point non plus, comme on nous l'a dit, exemptes de mauvaises herbes ; le jonc y foisonne ainsi que les plantes bulbeuses. Les fourrages artificiels ont manqué ici comme partout ailleurs. Nous ne pouvons parler des cultures sarclées que d'après les échantillons de leurs produits que M. de Monseignat avait envoyés à l'exposition. Les racines présentées n'étaient réellement pas présentables. Une exhibition aussi peu flatteuse peut attester la bonne foi de l'exposant, mais certes elle n'est point de nature à faire la réputation du producteur.

M. d'Ussel, dans son inspection de la ferme couronnée, semble avoir totalement négligé le *ménage des champs* proprement dit pour concentrer son attention sur des détails d'intérieur, sur les affaires de la basse-cour. Ici « toute chose est à sa place », ou à peu près, et il est loisible à M. d'Ussel de s'en émerveiller ; là, au contraire, et par le plus fâcheux contraste, l'ordre naturel est gravement méconnu. Le chef de l'exploitation paraît dominé par la préoccupation de faire un peu de tout et de montrer un peu de tout ; et, pour satisfaire cette fantaisie, il ne lui suffit point que le domaine pris en bloc fournisse simultanément une extrême variété de productions, on voudrait l'obtenir encore, ce semble, de chaque pièce de terre en particulier. Ainsi nous avons trouvé un champ de 6 à 7 hectares, dont une tranche est en froment sans barbe, une deuxième tranche en froment barbu, une troisième tranche en colza, une quatrième tranche en betteraves, et enfin restait au delà une étendue fraîchement façonnée qui était destinée sans doute à se diviser en deux ou trois nouvelles tranches de carottes, de rutabagas, etc. Nous avons encore remarqué une autre terre que diverses cultures se partagent par bandes parallèles et dans l'ordre suivant : trèfle, sarrasin, seigle, pommes de terre.

Cette distribution culturale par groupes d'échantillons assortis, affublant le sol d'une sorte d'habit d'Arlequin et créant à l'exploitation cent espèces de contrariétés et d'entraves, peut bien faire l'émerveillement de M. l'inspecteur Boitel, de M. le comte d'Ussel et de leurs savants collègues ; mais des agriculteurs moins savants et plus pratiques verront là, nous en sommes sûr, un oubli des principes les plus élémentaires de l'économie agricole. M. de Monseignat, qui se prive

ainsi volontairement des avantages de la grande propriété pour faire à plaisir du morcellement et de l'en-
chevêtrement, écrivait jadis les lignes suivantes que
nous croyons utile de lui rappeler :

« Lorsque l'industrie agricole, comme toutes les in-
dustries, aura reçu une réglementation indispensable à
ses progrès ; lorsque l'association aura remplacé la concurrence, lorsque le *morcellement ruineux* aura fait
place à la vaste exploitation de laquelle seule peuvent
naître les grands bénéfices, alors sans doute il sera
possible d'exécuter de ces grands changements qui
transforment l'aspect d'une contrée tout entière en mul-
tipliant les produits résultant des forces harmonique-
ment employées. »

De toutes les énonciations pures composant l'entier
contenu et toute la substance du rapport de la Commission de la prime d'honneur, la plus hardie assurément
est la suivante ; mais elle est présentée d'une façon si
sommaire, tranchons le mot, si cavalière, que l'orateur,
en portant ce témoignage décisif dans le procès solen-
nel soumis au grand jury agricole, paraît ne pas avoir
senti toute l'importante gravité de cet acte : « La comptabilité en partie double et fort bien tenue constate,
par la balance des comptes pertes et profits, que si l'a-
griculture est pour M. de Monseignat une occupation
agréable, elle est aussi fort productive, *puisqu'il est arrivé à tripler le revenu de sa propriété.* »
M. le rapporteur avait fait cette déclaration remar-

quable dans son préambule : « Ne croyez pas cependant
que ces conditions soient suffisantes pour donner droit
au premier rang. Il faut encore, il faut surtout, arriver
à obtenir des produits au prix de revient le plus bas
possible. Car sans cela, la culture d'une propriété ne serait
qu'une fantaisie coûteuse, qui ne devrait pas être encouragée. Il faut donc, avec des moyens d'action économiques, faire produire à la terre le plus possible et réaliser le bénéfice le plus élevé. »

La condition première et fondamentale pour avoir
droit à la prime d'honneur est nettement déterminée
dans ces paroles. La victoire étant à ce prix, et tous
les travaux que M. de Monseignat pouvait étaler sous
les yeux du jury en regard des travaux de ses concurrents devant inévitablement succomber à l'épreuve de
la comparaison, il fallait qu'un fait inattendu, jeté dans
la balance, vînt détruire le témoignage écrasant des
apparences et des probabilités ; il fallait révéler au fond
de cette pratique agricole, qui paraît stérile et onéreuse
de quelque côté qu'on l'envisage, une source cachée de
puissance rémunératrice, des résultats pécuniaires que
nul ne pouvait soupçonner. La comptabilité seule était
capable d'un pareil miracle.

Tout le monde s'accorde à dire que l'exploitation
de M. de Monseignat donne des pertes et non du profit, et lorsqu'on regarde les choses de près, on n'hésite
pas à se ranger à l'opinion de tout le monde. Mais
qu'importe l'opinion si la logique irréfragable de l'arith-
métique vient avec des chiffres authentiques et rigou-
reusement calculés prouver à l'opinion qu'elle se

trompe? Certes, que cette preuve soit, et tout sera dit. Mais cette preuve a-t-elle été établie? M. d'Ussel se borne à dire : « La comptabilité en partie double et fort bien tenue, par la balance des comptes *constate*, etc. » Mais cette *constatation*, M. d'Ussel ou quelqu'un de ses collègues, l'a-t-il constatée? Pour s'autoriser à dénoncer le bilan de l'exploitation du Cluzel, ces messieurs ont-ils pris la peine de le dresser d'après une vérification rigoureuse des livres de la maison? Ou bien le rapport s'est-il fait tout bonnement l'écho des allégations de la partie intéressée, en acceptant ces allégations sur parole et sans contrôle? M. d'Ussel ne précisant rien à cet égard, nous n'hésitons pas à venir en aide à son laconisme, et jusqu'à ce que la Commission régionale pour la prime d'honneur ait publiquement et formellement déclaré comme quoi elle a soumis à son examen les comptes de l'exploitation de M. de Monseignat par les procédés voulus et avec tout le temps, toute la patience et tout le soin nécessaires pour dégager complétement la vérité de ses nuages, nous affirmons et nous continuerons à affirmer *qu'elle n'y a pas même jeté les yeux.*

Qu'on ne s'offense point ; nous n'entendons offenser personne. Il ne s'agit pas ici d'imputations, mais d'explications, et, ces explications, on va les entendre.

Une circonstance nous fit assister à la visite officielle de la Commission d'examen chez l'un des concurrents auquel elle a décerné depuis une médaille d'accessit. Cet agriculteur, qui élève aussi très-haut et très-fort la prétention d'avoir accru sa fortune dans une proportion considérable par l'exercice de son art, tenait beaucoup, comme on le pense, à établir ce point, pour lui d'une si grande importance, dans la conviction de ses juges. Il les invita donc à examiner ses livres et quelques autres pièces justificatives pour constater la sincérité et la vérité de son dire. M. Boitel déclina poliment la demande qui lui était faite, et il assura le concurrent que les commissaires mettaient une pleine confiance dans sa parole, qu'elle leur suffisait, qu'ils s'en rapportaient pleinement à lui. Le candidat, que ces assurances ne satisfont qu'à moitié, insiste; M. Boitel tient bon; on revient à la charge, mais pour être repoussé avec perte encore une fois. Notre candidat néanmoins ne se tient pas pour battu, et après le départ de MM. les commissaires il prend la plume pour réitérer sa requête par écrit. La lettre fut présentée à M. Boitel, mais aucune insistance ne put ébranler la courtoise obstination de M. l'inspecteur.

Notez maintenant que ce concurrent en question était personnellement étranger à MM. les commissaires, et pourtant de quelle excessive confiance ne fit-on pas preuve à son égard! Or, M. de Monseignat, ce n'est pas un étranger pour les membres de la Commission. Maintes fois il a été leur collègue, leur commensal et leur hôte; que dis-je, il a été leur juge, du moins en ce qui concerne plusieurs d'entre eux, dans les concours pour la prime d'honneur où ils ont triomphé. Comment supposer dès lors que les assertions de M. de Monseignat aient trouvé moins de crédit et de déférence auprès des commissaires, et que ceux-ci aient cru devoir le soumettre, lui, à une inquisition minutieuse dont ils avaient cru pouvoir dispenser ses compétiteurs? Cette supposition serait absurde et gratuitement injurieuse pour M. de Monseignat; on ne peut donc pas s'y arrêter, et nous devrons par conséquent, jusqu'à la preuve contraire, nous en tenir à cette conclusion, à savoir que *le motif principal et déterminant par lequel la Commission justifie l'attribution de la prime d'honneur au propriétaire du Cluzel n'a d'autre fondement que les assertions du candidat.*

Ce sont ces assertions qu'il s'agit maintenant de discuter, puisque cette enquête, que les examinateurs officiels ont négligée, doit apprendre au public si leur décision est valide, ou bien si elle est virtuellement annulée par la non-existence du fait matériel sur lequel elle repose.

Hâtons-nous de le dire, il n'est pas dans notre pensée de projeter le doute sur la bonne foi de M. de Monseignat, sur la loyauté de ses déclarations, d'insinuer qu'il ait déguisé la vérité et surpris la confiance de qui que ce soit. Nous sommes néanmoins convaincu de l'inanité du titre qui lui a donné la victoire sur ses compétiteurs. M. de Monseignat a l'esprit artistique; telle est du moins l'opinion qu'exprimèrent dans lo temps les commissaires pour la prime départementale chargés de rendre compte de ses travaux. Or, qui ne sait combien le goût des arts prépare peu favorablement à la science des chiffres, et combien en revanche il prédispose à toutes les illusions? Si M. de Monseignat affirme qu'il a triplé son revenu, incontestablement c'est qu'il en est persuadé. Mais il peut être dupe du

mirage de ses espérances ; son imagination peut lui
montrer comme une réalité actuelle ce qui n'est qu'une
séduisante éventualité. Il sera tombé, suivant toute ap-
parence, dans une méprise qui viendrait tout expliquer.
En homme peu fait pour les distinctions subtiles de la
comptabilité, revenu *net* et revenu *brut* se seront confondus dans son esprit en une seule et même idée, et il
aura calculé son triplement de revenu d'après l'augmentation présumée de la valeur vénale du fonds amélioré, sans porter en ligne de compte les frais d'amélioration. Or, que le prix de terrains jadis en bruyères
et aujourd'hui en trèfles ou betteraves ait triplé par
l'effet de ce changement, il n'y a rien là qui doive éton-
ner ; mais quel argument en sa faveur M. de Monseignat pourrait-il tirer de cette plus-value, fût-elle dix fois
plus considérable, s'il a dépensé pour l'obtenir une
mise de fonds plus considérable encore? Les 4 hectares
de granit qu'il fit défoncer il y a vingt ans et couvrir
d'arbres improductifs valent bien, eux aussi, trois fois
ce qu'ils valaient avant d'avoir été ainsi améliorés, soit
2,000 francs de plus, par exemple ; mais la bourse de
l'améliorateur vaut 10,000 francs de moins. La culture améliorante pratiquée au Cluzel serait-elle fondée
sur les mêmes principes et conduirait-elle au même résultat? S'il en est ainsi, permis à M. de Monseignat
d'améliorer tout à son aise, puisqu'il est assez riche
pour perdre ; mais qu'il s'interdise de prétendre à un
prix destiné à encourager les dépenses reproductives,
à récompenser le travail sage, économe et rémunéra-
teur !

Un rapport de Commission d'examen pour la prime départementale revêtu de la signature de M. de Monseignat conclut ainsi contre un des candidats : « Est-ce bien de l'agriculture que fait M. F. ? Son domaine présente de beaux et vastes bâtiments d'exploitation, une belle race de bêtes bovines primées, et conséquemment appréciées à Laguiole ; de grandes prairies créées sur des terres vierges occupées naguère par des forêts séculaires ; des eaux sagement aménagées pour servir à l'irrigation ; mais *tout cela est fait à force d'argent*. Or, l'agriculture, celle du moins qu'il convient le plus d'encourager, est, ce nous semble, celle qui se fait peut-être plus lentement, mais à peu de frais. M. F. a fait un bon placement de fonds, il n'a pas fait de la bonne agriculture. »

En quoi cette agriculture, si sévèrement jugée par M. de Monseignat, diffère-t-elle donc de la sienne ? Ne serait-ce pas en ceci, que l'une fait bon profit des avances qui lui sont faites, tandis que l'autre les gaspille et met en danger la position de ses prêteurs ? Nous sommes fortement tenté de le croire. Depuis qu'il fait valoir, M. de Monseignat s'obstine à courir après la plus funeste chimère : il croit pouvoir concilier les devoirs du fermier avec les distractions de l'homme du monde, exploiter ses terres et en être absent, prétendre à de beaux revenus et se décharger de tous les tracas de l'exploitation sur un premier valet. Ces illusions n'ont pas d'excuse pour un homme qui eut le privilége de recevoir, de la bouche même de Matthieu de Dombasle, les salutaires avertissements que ce grand maître a formulés dans les lignes suivantes, que nous ne croyons pas hors de propos de placer ici :

« Je n'ai pas encore parlé de la condition morale la plus essentielle peut-être au succès d'une entreprise agricole : je veux dire *l'application*, ou la ferme détermination de l'homme qui la dirige de consacrer ses soins et son temps à en ordonner et surveiller tous les détails. Ce n'est pas trop d'un homme tout entier pour l'agriculture, et ce serait en vain que l'on se flatterait du succès, en lui consacrant quelques instants dérobés à d'autres occupations, ou interrompus par des distractions d'affaires ou de plaisir. L'homme qui ne veut faire de l'agriculture qu'un délassement doit bien calculer du moins que si, dans les circonstances les plus favorables, il n'y éprouve pas de grandes pertes, il ne pourra jamais y trouver les bénéfices qu'il aurait pu en espérer au moyen d'une constante application. Au nombre des circonstances de l'application, il faut compter en première ligne la résidence. C'est pendant tout le cours de l'année que la présence d'un agriculteur à la tête de son entreprise est d'une nécessité absolue. »

(Calendrier du cultivateur.)

Le résultat exact que donne la balance générale des comptes de l'exploitation de M. de Monseignat, depuis le début jusqu'à ce jour, est un secret qui lui appartient ; mais heureusement il ne s'agit pas pour nous d'arriver à une détermination aussi précise. Ce que nous cherchons à découvrir, ce n'est pas le chiffre plus ou moins élevé des bénéfices que cette exploitation peut avoir réalisés, ou du déficit qu'elle peut avoir subi ; c'est le fait de savoir si elle a donné du profit ou de la perte, si elle a été lucrative ou onéreuse, si elle se trouve, à un degré quelconque, dans les conditions prescrites par le programme du concours pour la prime d'honneur, ou si elle est dans des conditions diamétralement opposées, et devant entraîner son exclusion.

La question étant ainsi réduite à ces simples termes, nous croyons pouvoir la résoudre à l'aide des éléments que nous possédons. Toutefois il serait possible que nous nous méprissions sur la valeur de ces données, ou que de fausses conséquences en fussent déduites : dans ce cas, nous comptons sur le secours de M. de Monseignat pour nous tirer d'une erreur que nous serons heureux et empressé de reconnaître, en nous applaudissant d'avoir provoqué une explication publique qui intéresse souverainement la dignité du lauréat, et qui répondrait, d'autre part, à des exigences on ne peut plus impérieuses et légitimes.

Élève de Roville et héritier d'une grande fortune territoriale et mobilière, M. de Monseignat entra dans la carrière agricole sous les auspices les plus favorables ; pas un obstacle devant lui pour gêner l'essor de ses aptitudes ! Mais ces rares avantages au milieu desquels une capacité réelle devait déployer toute sa puissance devenaient dangereux pour une vocation insuffisante, en lui fournissant les moyens de s'accuser par de grandes fautes.

Les débuts du jeune agriculteur ne furent pas heureux.

Nous avons dit quel fut le résultat de ses entreprises de sériciculture dans lesquelles il s'était lancé pour ainsi dire à corps perdu. Après ce grave échec, ses soins parurent se tourner exclusivement sur la ferme du Cluzel, et, sans doute pour concentrer sur ce point d'élection des capitaux immobilisés sur d'autres propriétés auxquelles il s'intéressait moins, M. de Monseignat se défit successivement d'un grand nombre et des plus belles des terres de son patrimoine. Il fallait sans doute de bien grands capitaux pour subvenir aux frais d'un système d'amélioration rapide, de transformation *à vue* entrepris sur une grande échelle, et en dehors de la surveillance indispensable du maître, qui jamais ne dirigea que par délégation et par des lieutenants mercenaires. Défrichements, drainage, construction de nombreux bassins, d'aqueducs, de granges et d'étables, établissement « à grands frais, » ainsi qu'il l'a écrit lui-même, d'une féculerie, d'une huilerie, d'un moulin à cidre ; transformation du sol en quelque sorte, par la superposition d'une couche factice de fumier et de chaux obtenus à des prix exorbitants, telles sont les opérations qui étaient déjà accomplies sur la ferme du Cluzel par le nouveau propriétaire une douzaine d'années après sa prise de possession. Ces faits sont établis par le rapport de la commission d'examen pour le concours départemental de 1845, dans les termes suivants : « Pour donner une idée générale et en même temps exacte de l'entreprise de M. de Monseignat, contentons-nous de dire qu'il s'est trouvé dans la nécessité de reconstituer le sol et, en quelque sorte, de le faire de toutes pièces. C'est à quoi il a réussi par l'emploi le plus judicieux de la chaux et du fumier. »

Demandons-nous maintenant quel fut le fruit de tant de sacrifices. M. de Monseignat nous le laisse entrevoir dans cette phrase mélancolique placée à la fin d'un de ses mémoires : « J'ai fait pour ma part ce qu'il m'a été possible de faire ; j'ai dit une partie de mes travaux pénibles et de mes coûteuses expériences. » Le sens de ces paroles est clairement expliqué, du reste, par un fait qui ne tarda pas à les suivre. M. de Monseignat, après quinze années de ce qu'il nomme ses *pénibles travaux*, ses *coûteuses expériences*, parut saisi de découragement : il afferma son domaine.

Nous devons signaler ici, par parenthèse, la nouvelle et très-grave inexactitude dans laquelle tombe le rapport de la Comimssion régionale en indiquant le bail à ferme du Cluzel comme un fait *antérieur* à l'exploitation de M. de Monseignat et à ses entreprises d'amélioration. Passons.

Les *cent vingt-six* hectares qui formaient alors la contenance de ce domaine, et sur lesquels venaient d'être dépensés quinze ans de travail et des sommes énormes, furent loués à M. Bouloc, de Sébazac, au prix de *trois mille francs* par an, ni plus ni moins. A combien cela porte-t-il la location moyenne de l'hectare ? A un peu moins de *vingt-trois francs quatre-vingt-deux centimes*. Eh bien ! l'achat de la chaux employée à cette *reconstitution générale* du sol du Cluzel, constaté par le rapport de 1845, l'achat de la chaux coûtait à lui seul un déboursé de *cent vingt francs* par hectare, sans comp-

ter les frais de mise en tas et d'épandage. C'est M. de
Monseignat lui-même qui nous donne ces chiffres dans
son mémoire, à la page 63 du *Bulletin de la Société centrale d'agriculture de l'Aveyron.* « Je répands la valeur
de huit tombereaux par hectare, ce qui porte mes frais
de chaulage à 120 francs l'hectare, plus les frais de
main-d'œuvre pour faire et défaire les petits tas dont
j'ai parlé. »

Et, cela fait, M. de Monseignat ne peut affermer son
bien que 23 fr. 82 c. l'hectare ! Mais ce prix ne repré-
sente même pas l'intérêt de l'argent dépensé pour l'a-
chat de la chaux employée dans un seul chaulage, en
calculant cet intérêt au taux très-modéré de 20 0/0 !
Quelle méthode M. de Monseignat avait-il donc suivie
dans l'application des puissants moyens d'amélioration
si libéralement employés sur sa terre, pour que cette
terre ingrate ne lui rendît qu'une faible partie de l'intérêt des capitaux qu'elle avait reçus en améliorations de
toutes sortes, et qu'elle laissât à la charge du propriétaire toute la rente foncière et tout l'impôt ? En vérité,
en abordant l'étude d'un pareil budget, nous nous sen-
tons effrayés comme au bord d'un gouffre !.. Nous osons
à peine ajouter que cette redevance de 3,000 francs
exigée du fermier lui parut une condition trop dure.
Au bout de six ans de location, une transaction survint,
dans laquelle M. de Monseignat trouva une nouvelle
occasion de prouver sa générosité, et son fermier se re-
tira.

Ainsi telle était la situation financière du Cluzel en
1847 : elle se traduisait par un déficit annuel représenté

par la rente foncière primitive, par l'impôt et, ce qui est bien plus que tout le reste, par la plus grande et très-grande partie de l'intérêt des capitaux dépensés en *entreprises* d'amélioration. Quelle était l'importance de ces capitaux ? On ne peut s'en faire qu'une idée approximative, en considérant les frais que suppose la tâche poursuivie pendant quinze ans de « reconstituer et, en quelque sorte, de faire de toutes pièces », le sol de 126 hectares, par des drainages, des irrigations, le défrichement de terres couvertes d'ajoncs, par l'accumulation de masses d'engrais et d'amendements importés à grands frais sur le domaine, etc. Bref, en 1847, le *passif* de l'exploitation de M. de Monseignat, représenté par la valeur mobilière et immobilière de son inventaire d'entrée, et par les capitaux étrangers incorporés successivement au capital primitif, sous toutes les formes, se trouvait excéder, dans une proportion évidemment très-forte, l'*actif* constitué par l'inventaire de sortie, d'une valeur locative de 3,000 fr. Ainsi, jusqu'en 1847, l'ensemble des opérations agricoles de M. de Monseignat, loin de lui être profitable, lui causait une perte sèche dont nous ne chercherons pas le chiffre exact, mais dont l'importance très-considérable peut être hardiment affirmée.

Du reste, le jugement que nous portons ici est entièrement conforme aux aveux et aux doléances que M. de Monseignat faisait entendre souvent à ses amis, à une époque où il n'était pas encore question de la prime d'honneur.

La location du Cluzel eut sans doute cet avantage

pour M. de Monseignat, qu'elle suspendit pendant six ans le cours de ses « coûteuses expériences », de ses ruineuses améliorations. Mais il va sans dire que le fermier se contenta d'exploiter le peu de fertilité factice qu'il trouvait dans le sol et eut bien garde de se mettre en dépense pour l'entretenir. Ainsi, en reprenant son exploitation après cet intervalle, M. de Monseignat recevait un inventaire de rentrée tout au plus égal à son inventaire de sortie, dans le cas le plus favorable...

Reprise à nouveaux frais et sous le poids des plus lourdes charges, cette exploitation, qui jusqu'alors avait fait si mal dans les plus heureuses conditions, aurait maintenant fait si bien, qu'en moins de sept années ses immenses bénéfices auraient amorti sa grosse dette et porté au triple le revenu de l'inventaire primitif, tous frais payés, toutes avances de fonds remboursées... Voilà ce qui devrait être pour que le magnifique résultat pécuniaire affirmé par le rapport de la Commission ne fût pas la plus monstrueuse des erreurs !

Il nous en coûte de discuter sérieusement de semblables hypothèses, mais telle est la tâche à remplir. Poursuivons.

A part l'acquisition, à très-bas prix, de 31 hectares de landes attenant aux terres du Cluzel, toutes les dépenses qui ont été consacrées à ce domaine, depuis 1854, ont été affectées à la mise en culture des pièces annexées et à la continuation de l'œuvre interrompue, et peut-être ébranlée, des anciennes améliorations. Le drainage a été repris sur une grande échelle ; on a recommencé à chauler avec une énergie inaccoutumée, et les

écuries de la ville de Rodez ont été mises à contribu-
tion pour des masses d'excellent fumier. Ces six ou
sept années de nouveaux efforts et de sacrifices redou-
blés ont-elles enfin édifié la prospérité de l'établissement
sur les bases d'un revenu solide et honnêtement rému-
nérateur ?... ou bien toutes ces nouvelles dépenses de
temps et de force matérielle et intellectuelle n'auront-
elles eu pour effet que de pousser l'entreprise de plus
en plus bas dans l'abîme du déficit ? Consultons le budget actuel de l'exploitation ; nous parviendrons sans
trop de peine à l'établir d'une manière approximative.

Quelle est la somme d'argent que l'exploitation du
Cluzel fait *sortir* tous les ans de la caisse de M. de Monseignat, abstraction faite des prêts à long terme faits
au capital sous forme d'améliorations dont les effets sont
lents à se produire ? Quelle est la somme d'argent ou
son équivalent que l'exploitation fait *entrer* tous les ans
dans la caisse de M. de Monseignat ? Quel est le rapport de ces deux sommes ? Telle est la triple question
à résoudre.

La ferme du Cluzel possède un personnel résidant de
vingt salariés à l'année; le montant de leurs salaires
est de 4,500 francs, nous a-t-on assuré. L'élévation de
ce chiffre ne surprendra pas si l'on considère qu'il re-
présente, outre les gages de quinze fonctionnaires su-
balternes de divers grades, les émoluments d'un gros
état-major composé d'un *régisseur*, d'un *agent comptable*, d'un *maître valet*, d'un *jardinier parisien diplômé*,
d'un *irrigateur*, d'une *femme de charge*. Nous ignorons

ce que reçoit le régisseur actuel, mais nous savons que
son prédécesseur, aujourd'hui propriétaire au Puech,
sur une ancienne ferme de son maître, touchait 800 fr.
par an. Le teneur de livres ne peut pas coûter moins
de 600 francs. On nous a dit, il est vrai, pendant notre
visite au Cluzel, que cet employé, dont les fonctions ne
datent que de quelques mois, allait être supprimé.
M. d'Ussel a cru devoir nous avertir que les instruments perfectionnés possédés par M. de Monseignat
ne sont pas destinés à un usage de parade et à passer
sous les yeux de la Commission : en serait-il par hasard
autrement du fonctionnaire chargé de cette comptabilité
savante qui a fait l'admiration de M. le rapporteur ?....
Nous aimons à croire que, sur ce point, nos renseignements sont en défaut ; mais revenons à la question.

Que l'état des salaires annuels de l'exploitation attei-
gne 4,500 francs, comme on nous l'a affirmé, c'est ce
dont on arrivera facilement à se convaincre en tenant
compte du nombre total des fonctionnaires et du haut
rang hiérarchique de plusieurs d'entre eux. Mais, obéissant à la règle que nous nous sommes tracée de nous
tenir, quand il y a doute, en deçà de la limite des probabilités, dans l'évaluation des dépenses, et au delà,
dans l'évaluation des revenus, nous nous réduirons, sur
l'article salaire, de 4,500 francs à 4,200.

Il y a sept ans, la coupe des foins coûtait 80 francs
de journées; la coupe des céréales, 110 francs. Ces
chiffres éminemment peu flatteurs pour une production
aussi ambitieuse que celle du Cluzel, se sont accrus
peut-être depuis que M. de Monseignat a repris en main

l'exploitation ; mais, de peur de préjudicier à la cause de ce dernier en exagérant sur un article de dépense, nous nous en tiendrons aux chiffres sus-énoncés. Nous comterons 300 francs pour journées de faneurs, dépiqueurs, sarcleurs, terrassiers, etc. Cinquante ouvriers ont été occupés au Cluzel durant toute l'année dernière, à ce que l'on nous a assuré. Nous portons à 300 francs les réparations d'entretien des constructions et toitures, des aqueducs, des réservoirs, des travaux spéciaux de drainage tubulaire, etc. ; les impositions et prestations comptent pour 447 francs; les assurances s'élèvent au moins à 60 francs. Nous comptons 300 francs pour les cas fortuits non couverts par les assurances. (Le troupeau du Cluzel est souvent ravagé par la cachexie aqueuse.) Les frais d'entretien d'un matériel nombreux et compliqué ne peuvent être évalués à moins de 600 francs. M. de Monseignat achète régulièrement de grandes quantités de fumier. Un seul particulier, le maître de l'hôtel du Midi, à Rodez, lui en fait, à lui seul, une fourniture annuelle de la valeur de 1,000 francs. Admettons que ce soit là tout ce que M. de Monseignat en achète. Il paie la chaux, remise chez lui, au prix de 15 fr. le mètre cube; le transport s'en fait par des bouviers étrangers à l'exploitation. On estime qu'il consomme par an plus de 100 mètres de cette substance. Réduisons cette quantité à 80 mètres, ce qui portera le déboursé à 1,200 francs.

La ferme ne produit point tous les articles de la consommation intérieure. Le vin, le sel et le riz, et l'huile aussi, peut-être, doivent être demandés au commerce.

En calculant cette dépense d'après le nombre des personnes et des animaux nourris sur la ferme, nous obtenons 350 francs pour le vin, 100 francs pour le sel, 60 francs pour le riz. Nous négligeons les chandelles, le poivre, le coton de lampe et autres menus comptes.

Enfin, nous devons inscrire au débit de l'exploitation la rente de la propriété, fixée à 3,000 francs par l'acte du bail à ferme résilié en 1853.

Dans cette supputation des frais de l'exploitation du Cluzel nous nous abstenons de faire la part du gaspillage. Il doit être grand dans une maison où le maître ne se montre que rarement au milieu de ses ouvriers, et où la maîtresse ne se montre jamais dans sa cuisine.

Passons aux recettes.

Et d'abord l'article céréales, qui devrait être le plus important. Combien donc le Cluzel exporte-t-il de blé? Tout le monde répète que M. de Monseignat n'en vend pas du tout, et nous avons cherché en vain un marchand de grain à qui il en eût vendu. Mais en revanche nous savons de très-bonne source que M. de Monseignat est dans l'habitude d'en acheter lui-même des quantités souvent très-considérables pour l'entretien de la maison. Son régisseur se montrait fier de pouvoir dire que, grâce à lui, sans doute, la production avait suffi à la consommation intérieure, *l'année dernière !* Un négociant de Rodez, qui eut occasion de visiter les greniers du Cluzel, l'an passé, nous a dit les avoir trouvés d'une pauvreté surprenante, quant à la quantité et quant à la qualité du contenu. Si le Cluzel vend du blé, ce n'est donc que très-exceptionnellement; prenons la rare exception pour la règle, et admettons que la vente de vingt charretées de seigle, à 8 francs le setier, produise annuellement une recette moyenne de 1,600 francs.

La culture de la pomme de terre a une assez grande extension relative, mais elle est abandonnée à des colons partiaires, ce qui frustre la ferme de la moitié du produit; l'autre moitié est consommée par le ménage et la porcherie. On estime à 100 francs le produit possible de la vente des châtaignes.

Les recettes de l'exploitation sont fournies principalement, sinon en totalité, par la vacherie, la bergerie et la porcherie. Il est vendu, bon an, mal an, de dix à quinze veaux évalués à 50 francs l'un, soit 500 francs ou 750 francs; va pour 750 francs. Le troupeau, très-sujet aux épizooties, est d'un revenu fort casuel, dit-on. Il fournit rarement au delà de quatre-vingts agneaux à la vente. Le nombre en était, l'an passé, de soixante-dix-sept, qui furent vendus au prix de 10 francs la pièce, pour soixante-seize, la soixante-dix-septième tête étant rendue sur le marché. En outre, d'après la convention, l'entretien de ce bétail dut rester à la charge du vendeur pendant deux mois ou plus. Nous disons quatre-vingts agneaux à 10 francs, soit 800 francs.

Nous devons ajouter à cet article celui de vingt brebis de réforme, à 10 francs l'une, 200 francs; plus, pour le produit en laine, 600 francs.

Vingt jeunes cochons, à 25 francs la pièce, produisent 500 francs; six cochons gras donnent, à 150 francs l'un, 900 francs.

M. de Monseignat ne fait pas l'élève des chevaux, il

ne vend pas de volaille, ni d'œufs, ni de jardinage. Dans son mémoire de 1841, il disait avoir monté « à grands frais » une féculerie, une huilerie, un moulin à cidre. La première de ces usines n'a pas encore commencé à fonctionner ; la deuxième n'a jamais marché que très-peu et ne marche plus du tout, à ce qu'il paraît. M. de Monseignat s'approvisionne aux huileries de Salles-la-Source du peu de tourteaux qui lui sont nécessaires. Quant à la troisième, elle travaillait autrefois, lorsque les pommes venaient à réussir; aujourd'hui elle a succombé sous la concurrence de plusieurs moulins beaucoup mieux installés, établis dans le voisinage.

Les évaluations qui précèdent ne peuvent nous attirer qu'un reproche, celui de nous être laissé dominer outre mesure par la crainte de ne pas accorder à l'exploitation du Cluzel tout ce qui lui est dû.

Récapitulons, maintenant, et groupons les chiffres :

DÉPENSES.		RECETTES.	
Rente foncière.... fr.	3,000	Blé.............. fr.	1,600
Salaires annuels ..	4,200	Châtaignes........	100
Journées	200	Veaux............	750
Fauchaison.......	80	Agneaux	800
Moisson..........	110	Brebis	200
Réparations	300	Laine	600
Impositions et prestations	447	Jeunes cochons....	500
Assurances.......	60	Cochons gras......	900
Cas fortuits non couverts par l'assurance........	300	TOTAL.... fr.	5,450
		Perte pour balance.	6,557
Entretien du matériel	600		
Fumier et chaux..	2,200		
Vin	350		
Sel	100		
Riz..............	60		
TOTAL..... fr.	12,007	TOTAL ÉGAL..	12,007

Si le résultat lamentable qui vient d'être dégagé par le calcul n'est qu'une erreur de notre part, une erreur fruit de l'inexplicable inexactitude d'une foule de renseignements puisés aux meilleures sources et d'une concordance parfaite ; autrement dit, si M. de Monseignat, au lieu d'en être arrivé à ce point, qu'après avoir dépensé trente ans d'efforts et une portion considérable d'une grande fortune pour fonder la prospérité d'un établissement agricole, cet établissement quand il est exploité par un fermier, puisse donner, tout au plus, un revenu de 3,000 francs à 3,500 francs, et qu'exploité par M. de Monseignat lui-même *il n'arrive pas, à beaucoup près, à faire ses* FRAIS ORDINAIRES DE CULTURE; si, contrairement à toute vraisemblance, contrairement à ce que nous regardons comme l'évidence, M. de Monseignat a réellement triplé le revenu net primitif des capitaux fonciers et mobiliers accumulés depuis trente ans sur l'exploitation du Cluzel, — que M. de Monseignat le prouve.

Cette preuve, il la doit à sa considération, il la doit au jury régional placé sous le coup des plus graves critiques, il la doit à la Société d'agriculture qui lui a fait l'honneur de l'appeler à sa présidence ; il la doit à son département duquel il reçut le mandat de défendre ses intérêts au sein de la législature.

Mais si M. de Monseignat se reconnaît impuissant à administrer cette preuve, que nous réclamons hautement — et que nous réclamerons plus vivement encore, s'il le faut — ch bien! M. de Monseignat est placé par cela même dans la situation d'un homme qui, par suite d'une erreur de son fait, a été mis en possession d'un bien qui est la propriété légitime d'un autre, et dont cet autre se trouve par conséquent dépouillé.

Que doit faire M. de Monseignat de ce bien injustement acquis? Ce n'est pas à nous à le lui dire : la conscience et l'honneur le lui diront!

MM. DISSEZ, DUFAU, BARASCUD et YGRIER viennent en deuxième, troisième, sixième et septième lignes à la suite du principal lauréat. La distance considérable qui sépare les établissements agricoles de ces messieurs du lieu où nous retiennent les devoirs de notre profession, particulièrement à une époque de l'année où leur exigence redouble, nous a empêché de visiter leurs terres ainsi que des circonstances plus propices nous ont permis de le faire à l'égard de celles de leurs concurrents. C'est ici surtout que nous éprouvons le regret que tous les candidats à la prime d'honneur n'aient point, à l'exemple de l'un d'entre eux, jugé convenable de faciliter au public l'appréciation de leurs travaux en livrant leurs mémoires à l'impression. Privé de ces sources d'information, nous devrons nous contenter des renseignements que nous fournit le *bulletin* de la Société d'agriculture, ou qui nous ont été donnés de vive voix.

MM. Dissez et Dufau, désignés comme les plus méritants après M. de Monseignat, sont, nous n'en doutons pas, des praticiens recommandables ; mais ce que nous savons de leurs antécédents agricoles nous donne le droit d'affirmer que ces messieurs, en prenant part au concours pour la prime d'honneur, n'ont eu d'autre prétention que de faire constater officiellement le rang honorable qu'ils occupent parmi les cultivateurs du pays. Nous en sommes intimement convaincu, leur modestie a dû se trouver fort embarrassée de la préséance qu'on leur impose sur trois de leurs confrères dont, très-certainement, ils n'ont jamais songé à mettre en doute la supériorité hors ligne, pas plus que qui que ce soit du département.

M. Dissez n'est arrivé qu'en 1859, c'est-à-dire depuis deux ans à peine, à la prime annuelle départementale. Le procès-verbal de ce concours n'a pas encore été publié, et nous n'avons pu par conséquent prendre connaissance du travail dans lequel M. Dissez a fait l'exposé de ses œuvres, non plus que du rapport de la Commission où elles ont dû être appréciées. Mais nous pensons pouvoir suppléer à l'absence de ce document par le procès-verbal du précédent concours dans lequel M. Dissez avait une première fois échoué. Il résulte du rapport des commissaires délégués pour visiter le domaine de Cantagrel que le propriétaire, homme intelligent, éclairé et, de plus, peut-être, pourvu d'un bon capital, avait entrepris, à l'aide de ces puissantes ressources, d'installer une exploitation selon la science sur des terres où la routine régnait seule jusqu'alors. Le morcellement lui opposait ses barrières, M. Dissez le supprima; ses terres siliceuses se refusaient à la production faute d'avoir reçu l'élément calcaire, elles furent saturées de chaux. Il va sans dire que l'araire romain, ce triste témoin des temps barbares, fut impitoyablement dépossédé par la charrue à versoir mathématique et les meilleurs engins aratoires créés par la science moderne. Des constructions régulières et appropriées à leur objet s'élevèrent sur l'emplacement des informes masures et des cloaques qui jusque-là avaient servi d'abri pour les fourrages et les animaux. Les commissaires délégués constatent avec satisfaction l'attention que M. Dissez apporte au perfectionnement de son troupeau, à l'aménagement de ses bois, à l'entretien de ses châtaigneraies. Le rapport de la Commission conclut néanmoins contre M. Dissez par les considérations suivantes:

« Le domaine de Cantagrel, sur 100 hectares d'étendue, ne possède que 9 hectares de prairies anciennes et 4 hectares de création nouvelle. Cette petite quantité de prairies pérennes a paru à votre Commission dans une infériorité un peu trop marquée avec les terres labourables. La création des 4 hectares récemment faite est un acheminement, sans doute, à une plus juste proportion, et nous indique que M. Dissez a compris lui-même le point défectueux de son exploitation; mais le remède ne nous a pas paru encore appliqué avec toute l'énergie que le mal semblait exiger. Des plantes fourragères sont, il est vrai, semées sur une partie des terres labourables, et avec un discernement digne des plus grands éloges. Nous voyons toutefois que les entiers fourrages du domaine ne peuvent entretenir que vingt-trois têtes de gros bétail, et quatre-vingt-onze brebis, c'est-à-dire moins d'une tête de bétail par 3 hectares de terrain. Cette disproportion a paru considérable à la Commission, et elle lui a semblé acquérir une plus grande importance quand elle a envisagé l'énergie et l'étendue du chaulage pratiqué par M. Dissez. Cet agriculteur jette en effet annuellement plus de 940 hectolitres de chaux sur ses terres, qui reçoivent cet amendement dans la proportion de 150 hectolitres par hectare. Il faut que l'énergie de la fumure soit en rapport avec l'énergie du chaulage, sous peine de voir ce stimulant agir en sens inverse de nos espérances et frapper pour longtemps nos terres d'une complète stérilité. Les cabaux du domaine sont-ils en nombre suffisant pour la produire? Voilà la question que s'est posée la Commission et qui lui a semblé devoir recevoir une solution négative. Sans atténuer le mérite de M. Dissez, dont nous nous plaisons au contraire à proclamer et la haute intelligence et la profonde capacité, nous avons cru devoir signaler sur les beaux ouvrages de son exploitation cette irrégularité dont son habileté aura bientôt raison. »

La première médaille d'or d'accessit à la prime d'honneur a été adjugée à M. Dissez « pour ses cultures sarclées. » Ce côté saillant de l'exploitation de M. Dissez avait si peu frappé les délégués de la Société d'agriculture, dont il reçut la visite il y a deux ans, qu'ils n'en firent aucune mention dans leur rapport pourtant très-développé. Nous doutons vraiment que MM. les commissaires régionaux, qui se sont montrés en général si économes de leur temps et de leur peine dans leurs opérations exploratrices, aient pris le soin de s'assurer que les carottes, les betteraves et les navets de M. Dissez eussent une supériorité marquée sur les produits congénères de ses concurrents. Les récoltes sarclées de M. Dissez l'emportent-elles par exemple sur celles de M. Rodat d'Olemps qui nous en a fait admirer de si beaux échantillons à l'exposition, pour lesquels il a reçu une médaille d'or dans la section des produits?

Nous sommes convaincu que M. Dissez ne se doutait pas de cette suprématie avant qu'elle lui fût révélée par le rapporteur de la Commission. Mais, en revanche, il en est une que personne ne lui conteste et qui, bien que très-remarquable, ne semble pas avoir été remarquée le moins du monde de MM. les examinateurs. Le gouvernement paraît attacher une grande importance à la propagation de la race des bœufs durham, et, dans ce but, il a réservé, dans ses concours, des primes spéciales pour ces animaux. Or, M. Dissez est le premier, et jusqu'ici le seul dans le département, qui se soit livré à l'élève des durham. Il est le seul qui en ait envoyé à l'exposition de Rodez, et tous les prix attribués à cette race ont été accordés à lui seul. Voilà certes un genre de supériorité bien tranché et bien intéressant qui devait naturellement fixer l'attention des commissaires, et qui constituait en faveur de M. Dissez un titre on ne peut plus *spécial*. Et pourtant, trouvant bon de donner à M. Dissez une médaille de spécialité, ce n'est pas pour ses durham qu'on la lui décerne, — on ne les cite même pas ; — c'est pour ses carottes !

M. le baron Dufau a obtenu la prime départementale annuelle en 1852. Le rapporteur de la commission du concours s'exprimait ainsi sur le compte du lauréat :

« Lorsque M. Dufau a entrepris la grosse affaire de faire valoir un domaine de 200 hectares environ, il a trouvé le sol à peu près à l'état de nature : prairies naturelles embarrassées de broussailles, produisant de mauvais fourrages, sans aucune rigole d'irrigation ni d'écoulement, terres labourables couvertes de fondrières où croissaient quelques rares herbes et desquelles on ne retirait aucune récolte. Il y a de cela dix ans, et dès aujourd'hui on peut voir, en comparant avec les terres voisines, la différence déjà bien grande qui existe entre elles et les cultures de la Rivière. Un drainage intelligent a assaini beaucoup de parties de la ferme, et par une situation spéciale, les prairies naturelles peuvent profiter des eaux qui nuisaient aux terres labourables. Le trèfle, les betteraves, les carottes étaient inconnus à la Rivière ; aujourd'hui ces plantes fourragères y prospèrent ; nous avons surtout remarqué un trèfle d'une belle venue dans un champ précédemment chaulé. Vous voyez donc, Messieurs, qu'aucune innovation utile n'a manqué à la Rivière. Le chaulage y est pratiqué en grand, une machine à battre les grains et les instruments perfectionnés y fonctionnent avec succès, et c'est ainsi que M. Dufau a élevé le produit de ses céréales, augmenté ses fourrages et conséquemment les animaux de sa ferme. Son troupeau de bêtes à laine a spécialement fixé notre attention : l'espèce en est petite, mais bien faite et en voie de s'améliorer. Les autres bestiaux sont bien tenus, en bon état d'entretien, et tout atteste le soin le plus minutieux de la part du chef de l'établissement, même dans les plus petits détails. Quant aux bâtiments d'exploitation, ils sont presque neufs, la bergerie surtout est construite dans de bonnes conditions, avec un peu de luxe peut-être. Nous avons admiré un beau cellier à pommes de terre et betteraves, construit au-dessous de la bergerie ; il n'a pas moins de

30 mètres de longueur. Mais, Messieurs, M. Dufau, tout
en innovant, tout en améliorant, n'a pas voulu faire un
métier de dupe : une comptabilité en partie double, tenue
avec une exactitude commerciale, lui a permis, depuis dix
ans, de connaître le prix de revient de chaque produit. »

En somme M. Dufau a opéré dans son exploitation
les réformes agricoles qui avaient été prêchées pendant
vingt ans autour de lui par quelques dévoués mais
trop rares apôtres du progrès, et qui enfin depuis dix
ans sont adoptées par tous nos cultivateurs intelligents
et aisés. Comme eux, il a substitué la charrue Dombasle
et la herse à l'antique araire ; comme eux il a chaulé
les terrains siliceux ; comme eux il a drainé et irrigué ;
comme eux enfin il a fait construire, d'après les règles
d'une architecture rurale rationnelle, les bâtiments d'exploitation que les besoins de sa ferme réclamaient ; seulement il s'est passé la fantaisie plus artistique qu'économique d'introduire dans ces constructions un certain
luxe que ses confrères plus positifs n'eussent pas peut-
être jugé sage de se permettre. Le rapport sur le concours de 1851 disait simplement, au sujet de ces travaux d'art de M. Dufau : « Son cellier à pommes de
terre est surtout, avec la bergerie, quelque chose de
bien entendu. » Cependant, à en juger par la description qui nous en est donnée, ce cellier et cette bergerie
ne sauraient entrer en comparaison avec les constructions
de même genre que l'on rencontre sur plusieurs domaines du Causse, par exemple avec les granges, ber-
geries et bouveries de la ferme de Gros, dont les vastes
proportions et les dispositions heureuses en font un ob-

jet réputé sans égal dans le département, et d'autant plus digne d'attention qu'ici tout le mérite revient au fermier, architecte improvisé.

Mais M. Dufau, comme agriculteur, possède à un degré éminent un mérite spécial et très-considérable, et d'autant plus précieux qu'il est plus rare. Il poursuit avec succès, depuis vingt ans, la solution d'un des problèmes d'économie rurale les plus importants et les plus difficiles, celui de la comptabilité agricole, aujourd'hui l'objet d'une si vive préoccupation. Rappelons les termes du rapport de 1851 sur ce point : « Une comptabilité en partie double, tenue avec une exactitude commerciale, lui a permis, depuis dix ans, de connaître le prix de revient de chaque produit. » Le rapport de 1852 est encore plus explicite et plus laudatif : « ..... M. Dufau ne saurait se tromper sur le prix de revient de ses produits. Il tient une comptabilité rigoureuse et en partie double. Il sait ce que lui coûte un chou et ce que consomme une brebis. Cette comptabilité est admirable et mérite les plus grands éloges. »

Bref, M. Dufau est un excellent comptable agricole, le meilleur sans doute du département et peut-être le seul dans toute la rigueur du mot. Certes, si M. Dufau avait un titre à la médaille de spécialité, ce titre le voilà bien ! Et pourtant ni M. Boitel, ni M. d'Ussel, ni aucun de leurs collègues ne s'en est avisé : « Une médaille d'or..... à M. Dufau pour la bonne disposition de ses constructions rurales ! »

M. Barascud, propriétaire dans l'arrondissement de

Saint-Affrique, et M. Ygrier, son colon partiaire, ont reçu les sixième et septième médailles de spécialité, le premier, « pour une déviation du Dourdou et ses irrigations, » le second, « pour la profondeur et la perfection de ses labours. »

Ces honorables confrères, fixés à l'extrémité du département, nous étaient restés inconnus jusqu'ici. Leurs noms ne figurent point sur la liste des lauréats de la prime départementale annuelle, et nous ne sachons pas qu'ils aient jamais concouru pour cette distinction. Nous ignorons s'il existe aucun document public au moyen duquel nous pourrions satisfaire notre désir de faire leur connaissance. Toutefois nous avons ouï dire que M. Barascud est un agriculteur en réputation dans son arrondissement. On nous a dit également que M. Ygrier est un travailleur intelligent, laborieux et économe. Il est importateur, dans ce département, de l'excellente charrue Bonnet, depuis quelque temps en usage dans la Provence.

Restent trois noms de la liste des concurrents médaillés : ces trois noms sont ceux des pères honorés de notre noble agriculture ruthénienne. Ceux-ci allèrent un jour, au milieu des huées de la foule, s'atteler au char de notre progrès agricole embourbé jusqu'au moyeu dans la routine. Par la vigueur de leurs jarrets et de leurs bras ils parviennent à arracher le char à l'ornière fangeuse et profonde dans laquelle il était pris et arrêté depuis vingt siècles, et puis, avec une merveilleuse force, ils le lancent sur une voie nouvelle, et aujourd'hui il s'y avance triomphalement avec une vitesse s'accélérant sans cesse aux applaudissements du peuple enthousiasmé. Ils ont combattu vingt ans, trente ans, quarante ans, des préjugés considérés inexpugnables : ils ont vaincu, et leurs yeux ne se sont point fermés avant que n'ait lui le jour du triomphe. Qui donc pourrait maintenant leur accorder ou leur refuser une récompense meilleure !

Mais il serait possible que, les premiers en date, ces courageux novateurs eussent cessé d'être les premiers en mérite. C'est une question qui a son intérêt. Voyons donc si, en feuilletant l'histoire de ces hommes, nous ne pourrons leur trouver aucun titre de plus que celui que leur concède la Commission régionale et qui leur a valu d'être classés aux derniers rangs ; voyons jusqu'à quel point leurs jeunes et heureux émules les auront distancés dans la carrière ; voyons jusqu'à quel point ils se seront laissé dépasser par ces nouveaux venus.

M. Rodat, *d'Olemps*.—M. Rodat, d'Olemps, résume à nos yeux deux existences consacrées à la grande œuvre de l'agriculture : il fut le fidèle et digne associé de son père dans ses travaux les plus utiles et les plus ardus ; de quel droit refuserions-nous de l'associer aussi à son mérite ?

M. Adrien Rodat apportait donc plus que des titres purement personnels à l'appui de sa candidature à la prime d'honneur ; il apportait encore, et légitimement, les titres de son illustre prédécesseur. Ainsi l'état des services agricoles de ces deux hommes est en quelque sorte indivisible, et pour apprécier justement le fils, nous devons l'étudier jusque dans le père.

Le nom d'Amans Rodat mérite de vivre à jamais dans la mémoire et la gratitude du vieux Rouergue. Le grand laboureur d'Olemps fut pour son pays un nouveau Triptolème : il l'initia aux secrets d'une agriculture plus rationnelle et plus féconde, il lui fit connaître le plus précieux de tous les instruments que possède cette industrie, la charrue à versoir mathématique : il nous en enseigna, avec une persévérance et un dévouement tout patriotiques, et le maniement et la construction. Bien plus, loin de mettre un prix au don incomparable qu'il nous apportait, il voulut bien condescendre à nous supplier de l'accepter gratis, et il se donna généreusement bien des peines pour nous faire renoncer à notre sotte opposition. Non moins habile à tenir la plume qu'à tenir les manches de la charrue, il se fit doublement notre maître par l'éloquence de ses exemples et par le charme de ses inimitables écrits. Agronome savant, praticien habile et sage, également éloigné de la routine et des innovations inconsidérées, professeur à la parole claire et persuasive, apôtre rempli de zèle, tel fut celui dont M. Adrien Rodat a partagé longtemps les fatigues et dont il n'a jamais cessé de se montrer le digne héritier.

Voici comment s'exprimait en 1841 le rapporteur du concours pour la prime départementale sur les propriétaires et cultivateurs du domaine d'Olemps :

« Près du chef-lieu, nous trouvons d'abord le do-

maine d'Olemps, composé uniquement de terres à seigle. Là, par des travaux presque séculaires, trois générations ont amélioré, enrichi l'héritage. Les succès
ont été lents, il est vrai, mais la plus stricte économie
y a présidé. Des troupeaux sains et vigoureux, dont les
élèves sont recherchés, même par les étrangers, une belle
et luxuriante végétation où l'on n'obtenait autrefois
que des produits maigres et chétifs, attestent les soins
continus et la judicieuse intelligence du propriétaire.

» M. Rodat est le premier qui se soit, dans nos con-
trées, servi des instruments perfectionnés, et il a eu en
cela plus d'imitateurs que dans la création d'un assolement alterne dont peu de personnes comprennent l'importance, bien que sans lui il ne puisse y avoir de
bonne et profitable agriculture. Il a, le premier aussi,
envoyé son fils à la ferme modèle de Roville, et il a
établi à Olemps une fabrique d'instruments perfectionnés, ce qui est d'autant plus méritoire que les peines et
les travaux qu'elle occasionne sont loin de compenser
les frais qu'a coûtés son établissement.

» M. Rodat emploie, pour se rendre compte de ses
opérations, une comptabilité simple et à la portée de
tout le monde. Un aperçu de cette comptabilité, que
nous trouvons dans son mémoire, nous montre ce que
lui a coûté l'établissement d'une prairie naturelle et les
produits qu'il en a retirés. Si tous les cultivateurs avaient
le même soin il est probable, Messieurs, qu'ils n'é-
prouveraient pas tant de mécomptes et choisiraient
parmi les branches de culture celles qui offriraient les
chances les plus certaines de bénéfices.

» La ferme de Marroquiers, sise canton de Bozouls, entièrement composée de terrains calcaires, surtout de terres blanches dites *aubugues*, a aussi été soumise à un assolement alterne ; elle est exploitée avec les instruments perfectionnés, et M. Rodat se félicite tous les jours de l'excellence des nouvelles méthodes qui se plient également aux terres du *Causse* et à celles du *Ségala*.

» Les frais extraordinaires de toutes les améliorations, de tous les travaux exécutés par M. Rodat, y compris le séjour de son fils à Roville, s'élèvent, d'après l'état fourni, à la somme de 7,000 francs. Les produits en céréales se sont accrus de 300 à 600 hectolitres ; le revenu d'Olemps s'est élevé successivement de 2,800 à 4,700 francs, et celui des deux fermes d'Olemps et de Marroquiers a été augmenté dans la proportion de 5 à 8 ou à peu près, résultat immense qui répond assez aux détracteurs des innovations bien entendues en agriculture. Presque toutes les branches de l'économie rurale ont été embrassées par M. Rodat. C'est ainsi qu'il a exécuté des plantations et des semis d'arbres de diverses essences, qui tous lui ont également réussi. »

La prime fut adjugée à M. Rodat.

Écoutons maintenant le candidat nous raconter lui-même une partie de ses labeurs et de ses succès. Nous citons son mémoire :

« 1° A l'assolement usité dans le pays j'ai substitué un assolement libre, basé sur les pâtures et les prairies artificielles, comme aussi sur la culture des racines, des légumes et autres racines établies par lignes espacées, avec sarclage.

» 2° Attendu que, du moins dans un ségala tel que le mien, ce système d'exploitation était impraticable comme trop dispendieux, exigeant une perfection dans les préparations de la terre qu'on ne peut obtenir des moyens ordinaires du pays qu'en s'adressant à la main-d'œuvrc, et celle-ci étant fort rare et fort chère dans la localité que j'habite, j'ai eu recours aux instruments accélérateurs du travail. J'ai pris le parti d'organiser mon exploitation d'après les principes de la culture perfectionnée..... Je sentis que, pour réussir dans mon dessein, il n'y avait qu'un moyen : c'était d'envoyer un de mes fils à l'Institut agricole de Roville, pour y étudier ces détails de pratique et d'exécution qui, en agriculture comme en toute autre affaire, sont la condition *sine quâ non* du succès. L'objet principal de sa mission était de s'instruire dans la fabrication, la direction et l'emploi opportun de tous les insruments perfectionnés. Je sentis que je faisais bien peu pour moi et rien pour le pays si je n'établissais la fabrication de ces instruments. Après avoir quelque temps essayé d'enseigner cette fabrication à des ouvriers de la ville, je me vis forcé d'annexer une forge à mon exploitation..... Dans cette entreprise qui avait un côté d'utilité publique, j'avais droit d'espérer, de la part du public, un peu de reconnaissance, ou du moins un peu d'approbation. J'ai été contrarié et peu encouragé. J'ai eu besoin d'user d'une constance à toute épreuve, »

Le zèle de la vulgarisation et l'amour du bien public sont héréditaires dans la famille des Rodat. Il y a environ cent ans le grand-père entreprit un long et pénible voyage dont le seul but était de se procurer des semences fourragères des espèces les plus précieuses, pour partager ensuite son butin avec ses compatriotes. Le père, à son tour, fut l'introducteur de la fenasse, qui s'adapte mieux que les légumineuses aux terres peu riches du Ségala. Il est le fondateur de la presse agricole dans le département de l'Aveyron. Il publia, en outre d'une revue périodique, la *Feuille villageoise*, un traité *ex professo* que tous nos cultivateurs se trouvent bien de prendre pour guide. Le père et le fils associèrent, comme nous l'avons vu, leur énergie et leur dévouement pour introduire et implanter parmi nous l'usage des instruments perfectionnés. Animé par cette grande pensée, le propriétaire actuel d'Olemps s'en alla passer deux ans à l'école de Matthieu de Dombasle. Rentré chez lui, il se fait à la fois forgeron et conducteur de charrue, et ce n'est qu'à ce prix qu'il peut venir à bout de l'aveugle résistance des valets et des maîtres. La lutte dura vingt ans. Grâce à cet intelligent confrère, à cet excellent concitoyen, la charrue de Dombasle est aujourd'hui entre les mains de presque *tous les laboureurs* de l'arrondissement de Rodez, et se trouve plus ou moins répandue dans tout le département de l'Aveyron ainsi que dans les départements circonvoisins. Grâce à lui notre contrée est, sous ce rapport, la plus avancée peut-être de la France entière, sans en excepter la banlieue de Paris. L'améliorateur de notre ancienne race ovine par l'infiltration du sang anglais, c'est encore M. Rodat, et ses efforts pour consolider cette conquête n'ont pas été moindres que les avantages obtenus.

Pour tant d'utiles créations, pour de si glorieux services, une médaille et ce peu de mots : « A M. Rodat, d'Olemps, pour son troupeau et la construction de sa bergerie ! »

M. Rodat, *de Druelle*. — Si l'agriculture est autre chose qu'un passe-temps pour les riches oisifs en villégiature, autre chose qu'une manière hygiénique de se ruiner, si au contraire elle a pour but d'accroître la richesse publique et privée par une application utile du travail, l'agriculteur dont nous avons maintenant à nous occuper est certainement un de ceux qui, à prendre la France entière, ont le mieux compris et rempli les devoirs de leur état, qui se sont rendus le plus dignes de leur titre.

En parlant de lui-même au début d'un mémoire qu'il adressait, en 1843, au jury du concours pour la prime départementale, M. Rodat se traite de « modeste cultivateur. » La vérité de ces paroles se prouverait assez par elles-mêmes, mais la modestie de ce praticien ressort bien mieux encore de ses actes. En lui, rien qui ressemble à ces hommes tout fard et tout clinquant, dont l'occupation principale est de se mettre en scène, et qui se décident à tous les sacrifices pour acquérir un renom de mauvais aloi. Il ne cherche point à nous éblouir par le faux éclat d'une production factice, superficielle, illusoire ; mais il s'attache à nous démontrer par l'exemple qu'en joignant la prudence à l'esprit de progrès et d'entreprise, l'assiduité à l'activité, et à l'intelligence le bon sens, on peut faire marcher de front et du même pas l'amélioration de ses terres et l'amélioration de sa fortune. Aussi les étapes de la carrière de M. Rodat ne se comptent point par des échecs et des revers, et sa longue pratique agricole nous offre une suite non interrompue de succès, une augmentation rapide et toujours croissante de l'héritage patrimonial. Telle est l'agriculture dont l'heureux fermier de Druelle fait profession : personne n'oserait le nier, c'est la seule qui soit digne d'imitation et, par suite, d'encouragement.

Par un sentiment de déférence qui l'honore, M. Rodat, de Druelle, ne s'est mis sur les rangs pour la prime départementale qu'en 1844. L'arrondissement de Rodez venait d'obtenir trois fois de suite cette récompense dans la personne de MM. Rodat, d'Olemps, Durand et le général Tarayre ; il était temps d'y faire participer les autres parties du département. La prime fut donc adjugée cette fois à M. Guiraud, un agriculteur distingué de l'arrondissement de Saint-Affrique. L'année suivante la candidature de M. Rodat échouait encore devant celle de M. de Monseignat. Mais, comme nous l'avons noté précédemment, celui-ci dut en partie la victoire à un genre de supériorité si fugitif, si chimérique et si funeste que le vaincu avait grandement à se louer d'avoir le dessous à pareilles enseignes. En 1846 M. Rodat recevait enfin le juste prix de son mérite. Voici les passages qui le concernent dans le rapport du concours de 1844 :

« Au couchant de Rodez et à la distance de 1 myriamètre, à peu près, on trouve le domaine de Druelle, qui s'étend sur un de ces plateaux que l'on rencontre çà et là, mais trop rarement, dans notre pays accidenté. Ce domaine est composé de 189 hectares, dont 20 appartiennnent à la formation calcaire et 169 au micaschiste, connu dans le département de l'Aveyron sous le nom de ségala. Au moment où M. Rodat en prit possession, ce domaine valait 80,000 francs, au dire de feu M. Couderc, de Valady, expert aussi entendu que consciencieux. L'acquisition d'une petite propriété a porté cette valeur à 90,000 francs. Tel était en quelque sorte le fonds de boutique transmis à M. Rodat, de Druelle, et sur lequel son industrie s'est exercée. Aujourd'hui on peut dire que la valeur de la propriété a été triplée, puisque le revenu qui atteignait à peine 3,000 francs a été porté à 9,000 francs.

» Ce résultat est d'autant plus digne d'attention que, tout considérable qu'il est, il n'a rien d'improbable ; que tous les éléments en sont à découvert et qu'ils ont été mis en quelque sorte sous nos yeux. Les terres de Druelle étaient, à la vérité, pour la plupart, mauvaises et même improductives en plus d'un lieu. Quels ont été les moyens de cette brillante métamorphose ? L'eau, le fumier et l'alternance. On peut dire que M. Rodat a su mettre habilement en œuvre ces trois grands agents de la fertilisation.

» Parmi les propriétés qui composaient le domaine de Druelle, se trouvait une assez vaste étendue de landes incultes que feu M. Rodat père avait achetées au prix de 60 francs l'hectare. C'était des terres spongieuses, que la surabondance des eaux rendait impropres à toute espèce de production. Les assainir par des fossés couverts n'était qu'une idée vulgaire qui se présentait d'elle-même. M. Rodat avait des vues bien plus étendues. Il a conçu tout à la fois un plan de défrichement et d'irrigation. — 10,000 mètres de conduits souterrains, solidement construits, ont été systématiquement liés entre eux et dirigés de manière à rassembler les eaux dans un vaste réservoir. Ce réservoir se vide par des aqueducs qui, à travers un espace d'environ 2 kilomètres, portent l'eau alternativement dans les basses-cours et dans les étables, d'où elle se rend, après les avoir lavées, dans des réservoirs moins grands, disposés de manière à distribuer l'irrigation sur les prairies. En sortant de ces réservoirs pour se rendre à la prairie, les eaux lavent les rues du village et deviennent ainsi un moyen de salubrité publique en même temps qu'elles acquièrent de plus en plus des germes de richesse pour leur maître. Je ne connais pas dans le département une irrigation mieux entendue, plus intéressante, plus féconde dans ses résultats. Pendant qu'elle alimente 200,000 kilogrammes de foin naturel, elle assainit des landes qui deviennent par là des terres propres à la production des fourrages artificiels. Améliorées par le séjour de ces fourrages et plus encore par le fumier qui en provient, ces landes sont devenues de bonnes terres.

» Le principe de cette amélioration est facile à saisir et l'ensemble du système se développe de lui-même. Le nombre des bêtes à grosses cornes, qui n'était que de treize, a été porté à quatre-vingt-dix-sept, celui des bêtes à laine a été augmenté aussi, de façon que le revenu du bétail est monté à plus de 6,000 francs. Mais en même temps les engrais produits par ce même bétail réagissent nécessairement sur la culture des céréales. Le produit en seigle, de 5 pour 1 s'est élevé à 10. D'ailleurs M. Rodat, pour accélérer la marche de son amélioration, a pris le parti d'acheter une certaine quantité de fumier et de louer une prairie aux environs de Rodez.

» Rigide observateur de la bonne méthode, il fait usage des instruments perfectionnés, et ses terres sont assolées d'après les principes de la culture alterne.... »

On a négligé dans ce rapport de porter au compte de M. Rodat l'un de ses meilleurs titres, énoncé comme il suit dans son mémoire : « J'ai été un des trois premiers qui ont employé les instruments perfectionnés, puisque j'ai commencé en même temps que M. Rodat, d'Olemps, et M. Durand, de Gros. Je n'ai pas besoin de vous dire tout ce qu'il m'a fallu de constance et de force de volonté pour lutter contre les usages reçus et les mauvais vouloirs des valets de ferme. Aujourd'hui tous mes labours sont exécutés à la charrue à versoir, et mes voisins, même les plus récalcitrants, suivent mon exemple. »

Le rapport de 1844 constatait que M. Rodat, par

d'habiles opérations agricoles, avait triplé la valeur de son capital d'exploitation en moins de vingt-cinq ans ! Le rapport de l'année suivante signalait déjà une nouvelle augmentation du revenu de la terre de Druelle ; en voici les termes. « Ainsi, non-seulement M. Rodat a porté, en 1845, son revenu net de 9,000 francs à 10,000 francs, et le nombre de ses bêtes à cornes, de quatre-vingt-dix-sept à cent, mais encore les 60 à 70,000 kilogrammes de fourrages artificiels qu'il est parvenu à engranger et l'assainissement d'un pré naturel au moyen de 1,800 mètres de saignées souterraines, ont rendu désormais inutiles l'achat du fumier et le louage du pré dont il avait eu besoin précédemment. De plus, il a considérablement accru la masse des chaulages qu'il a étendus à 10 nouveaux hectares en sus de 8 hectares déjà chaulés en 1845. Il a même fait les frais de la construction d'un four à chaux. Dans leur vérification de cette année, MM. les commissaires ont été frappés particulièrement de l'effet de ces chaulages sur les semis de plantes fourragères dont les pousses étaient d'une étonnante richesse, comparativement à la végétation privée de ce puissant stimulant.

» Enfin, ce qui met hors de doute la valeur des perfectionnements réalisés par M. Rodat, c'est qu'il a conquis les suffrages des cultivateurs qui l'avoisinent, ce qui peut être, à bon droit, considéré comme le témoignage le plus irrécusable de son mérite. »

La prime d'encouragement accordée à M. Rodat porta ses fruits : elle consacrait une situation déjà trèsprospère, et elle vint donner au développement de cette prospérité une impulsion nouvelle. Le drainage est mené à fin sur toute l'étendue du domaine, de nouvelles irrigations sont exécutées, les prairies artificielles s'étendent, le chaulage conquiert toutes les terres schisteuses à la culture du trèfle et du froment ; les champs sont nettoyés des pierres qui les encombrent et qu'on utilise à garnir des fossés d'assainissement ou à former des murs de clôture ; les chemins se bordent de haies vives, les pentes inaccessibles à la charrue et livrées au ravage des eaux, se couvrent de chênes ou de châtaigniers, et enfin l'accroissement du cheptel vient nécessiter des constructions nouvelles. Le nombre des têtes de gros bétail, qui s'était élevé successivement de *quinze* à *quatre-vingt-dix-sept* et à *cent*, est aujourd'hui de *cent vingt-sept !*

Les entreprises de M. Rodat, si bien calculées et si bonnes d'elles-mêmes qu'elles puissent être, sont néanmoins insuffisantes pour expliquer un état aussi florissant. Nous sommes disposé à lui attribuer pour base principale les grandes qualités administratives des chefs de l'exploitation, c'est-à-dire les principes d'ordre, de régularité et de discipline dont ils sont imbus et sous l'influence desquels se réalise, dans la dépense des forces, l'économie la plus parfaite dont l'industrie agraire soit susceptible. C'est en parlant de la ferme de Druelle que M. d'Ussel eût pu dire en toute vérité : « L'impression qu'on ne peut s'empêcher d'éprouver en arrivant dans la propriété est celle de la surprise inspirée par cette bonne tenue générale, qui décèle un esprit d'ordre et de régularité aussi parfait qu'il est plus rare. »

Cette appréciation qui, appliquée à l'exploitation de M. de Monseignat, est presque un sarcasme, ne rend qu'à demi l'intérêt et l'admiration que nous avons ressentis en étudiant dans toutes ses parties le ménage rural dirigé par M. et Mme Rodat, de Druelle. Néanmoins, au jugement de la Commission régionale, les chefs et les organisateurs de ce bel ensemble d'administration agricole sont tout bonnement des *draineurs* et des *irrigateurs !*

M. J.-A. DURAND. — L'histoire de ce vieil agriculteur, toujours jeune d'audace et d'énergie, serait longue à dire : mais est-il un Aveyronnais à qui elle ne soit familière comme la légende ? Nous pourrons donc sans préjudice nous contenter de rappeler quelques-uns des faits saillants qui ont marqué cette carrière de cinquante laborieuses années.

Citadin de naissance et élevé pour le barreau, M. Durand avait été fait cultivateur par la nature, et la vocation l'emporta. Donnons-lui la parole pour nous faire connaître son entreprise, nous exposer son plan d'opération et les résultats réalisés :

« Passionné pour l'agriculture et ne pouvant donner un libre essor à mon penchant par la culture de quelques pièces éparses que je possédais dans les environs de Rodez, je résolus d'acheter un domaine exploitable d'une manière un peu régulière.

» En 1819, le domaine de Gros, commune de Saint-Mayme, canton de Rodez, fut à vendre. J'en fis l'acquisition contre l'avis de mes meilleurs amis qui me représentaient que c'était folie de me mettre dans la nécessité de vendre des pièces très-productives, en achetant un domaine dont tous les exploitants, propriétaires et fermiers, s'étaient ruinés. En effet, une récolte de trente charretées (189 hectolitres) de froment, obtenue sur ce domaine, était un événement religieusement conservé par ses traditions, comme extraordinaire ; et presque jamais on n'avait récolté assez de blé de mars pour nourrir les travailleurs du domaine toute l'année. Cependant l'on y semait environ 80 hectolitres de tous grains.

» 20 hectares de pré, dont 10 assez bons et 10 de mauvais, étaient la principale ressource du domaine. Le restant se composait de 35 hectares de pâtures, 10 hectares de bois et 58 hectares de champs. L'on nourrissait sur ce domaine cent cinquante bêtes à laine au plus, huit à dix juments ou vaches et trois paires de bœufs de labour, le tout fort médiocrement.

» La faible production de ce domaine et son peu de valeur qui en était la conséquence, sont constatés : 1° par une estimation d'experts de l'an 1849 et un extrait de la matrice cadastrale (voir ces pièces au dossier) ; 2° par la vente qui en fut faite en justice, à un sixième au-dessous du montant de ladite estimation, et ce en présence et après l'enchère de sept à huit concurrents.

» Le domaine d'Arsac, qui aujourd'hui est réuni à

celui de Gros, était composé à peu près des mêmes éléments que ce dernier, avec un quart de contenance et d'infertilité en plus ; il avait mêmes attelages, même bétail. Ses produits étaient cependant moindres en céréales et en bestiaux. Sa valeur en 1821 est constatée par un rapport d'experts en forme (voir cette pièce au dossier). L'état de morcellement de ces deux domaines, qui en rendait impossible la culture régulière, est constatée par leurs plans géométriques (voir ces pièces au dossier.)

» Suivre les errements de mes prédécesseurs m'eût conduit à une ruine certaine... Un système nouveau pouvait seul me faire trouver des moyens d'existence et de bien-être dans les terres où s'était consommée la ruine de ceux qui en avaient méconnu les dispositions naturelles, et qui étaient restés étrangers aux progrès de l'art agricole. Voici celui que j'adoptai : 1° couvrir mes terres de végétaux, principalement de plantes fourragères vivaces, de manière à restreindre mes labours et toute la main-d'œuvre en général, tout en retirant annuellement et sans interruption aucune, un produit de chaque partie de ma terre et en augmentant sa fertilité ; 2° utiliser, pour l'établissement de vastes prairies, les sources qui jaillissaient dans mes terres, les ravins qui les traversaient et la rivière d'Aveyron qui les bordait ; 3° débarrasser mes champs des pierres qui les couvraient et utiliser ces dernières à la réparation des chemins d'exploitation et à la construction de nombreuses galeries souterraines, destinées à assainir de nombreuses parties de champ et de pré, où l'eau transpirait sans cesse ; 4° réunir la foule de petits champs qui composaient mon domaine, et les débarrasser des clôtures qui en couvraient une grande partie, en même temps qu'elles faisaient obstacle au jeu des instruments perfectionnés, etc. (Voir les développements de mon système dans un article intitulé : *Quelle est la direction qu'il convient de donner à l'agriculture aveyronnaise ?* ledit article inséré au numéro de la *Revue de l'Aveyron* du 14 novembre, lequel se trouve au dossier.)

» En résumé, le résultat de mes diverses opérations agricoles est d'avoir, *sans avances, et par l'emploi d'une partie des produits seulement et de moyens que tout le département pourrait mettre simultanément en usage,* TRIPLÉ, en dix-huit ans, le produit du domaine de Gros; d'avoir plus que DOUBLÉ, en dix ans, celui d'Arsac, et d'avoir mis en voie croissante de prospérité les 300 hectares qui composent ces deux domaines . . .

» Si je devais parler de l'influence que j'ai exercée sur les progrès de l'agriculture, je dirais que je suis des premiers qui ont adopté les instruments perfectionnés; que j'ai puissamment contribué à répandre et à perfectionner l'engraissement des bœufs et des moutons, et que je suis parvenu à engraisser annuellement sur mon exploitation plus de cent bœufs et sept à huit cents moutons..... je dirais que j'ai obtenu ce résultat en même temps que je portais le produit de mes céréales à 1,200 hectolitres, années communes, tandis qu'avant moi l'on y en récoltait à peine 500. Je dirais encore que, dans une question vitale pour l'agriculture, dans la question de l'usage des cours d'eau pour l'irrigation, j'ai été aux prises avec les industriels de Rodez et de ses environs, meuniers, foulonniers, filateurs, etc., et qu'après une lutte de deux ans, je suis parvenu à détruire les préventions de l'administration et à faire reconnaître les droits de l'agriculture et la concordance de ses intérêts avec ceux de l'industrie. Une ordonnance royale du 12 octobre 1828 autorisa la construction de mon canal.

» La Société royale et centrale d'agriculture de Paris ayant mis au concours les *Recherches sur la législation des irrigations*, je lui adressai un résumé des raisons que j'avais fait valoir pour obtenir l'autorisation de faire ma dérivation, et elle me décerna, le 7 avril 1839, la médaille d'or qu'elle avait promise au meilleur mémoire. Je crois pouvoir revendiquer la première idée de l'irrigation de la France au moyen de dérivations en grand, entreprises par le gouvernement. Cette idée, que j'ai émise dès 1820 et que j'ai développée depuis à maintes reprises, a été, depuis quatre ou cinq ans, adoptée par plusieurs journaux et a l'espoir d'un commencement prochain de réalisation.

» J'ai fait des expériences en grand sur l'application de la chaux à l'agriculture, et j'ai publié les avantages que j'en ai retirés et signalé l'avenir de prospérité qu'elle promet à notre pays. . . . .»
(*Mémoire de M. Durand pour le concours départemental de 1840.*)

La prime annuelle de 1841 fut attribuée à M. Durand; au concours de l'année précédente, sa candidature n'avait succombé qu'après une lutte très-vive, bien que parfaitement courtoise et honorable pour les deux parties, entre lui et son vénérable doyen et maître, M. Amans Rodat.

L'œuvre dont nous venons d'ébaucher le tableau avait pris un développement rapide sous l'impulsion de dix années d'un travail énergique et incessant, lorsque l'établissement agricole de Gros se vit tout à coup privé de son chef. Ici nous touchons à un côté de la vie de M. Durand que nous n'avons pas à examiner. Bornons-nous à dire qu'à la fin de l'année 1851, des événements publics auxquels il se trouva mêlé l'enlevèrent brusquement à ses travaux. La lourde charge d'une exploitation ayant 300 hectares de terre pour théâtre, mise en jeu par un nombreux personnel et pivotant sur des opérations d'un ordre spécial et fort difficile, retomba tout entière sur deux femmes qui acceptèrent bravement leur situation et firent tête pendant plusieurs années à toutes les difficultés de leur tâche avec un courage, une énergie et un succès qui leur ont valu toutes les sympathies et qui méritent notre hommage. Le retour de M. Durand paraissant indéfiniment ajourné, on se décida à louer le domaine, qui fut partagé entre trois fermiers payant ensemble un fermage de 19,775 fr. 50 c.

Cependant l'amour si intense que M. Durand avait voué à son art ne se démentait pas au milieu des circonstances les plus pénibles. Pendant que la fièvre et la nostalgie ravageaient les rangs des nombreux compagnons que le sort commun lui avait donnés, sa tête chauve, sous le regard du soleil d'Afrique, enfantait, dans un tranquille enthousiasme, une foule de projets de colonisation, de défrichements, de desséchement de marais, etc. Bientôt, profitant d'une offre adressée à toutes les personnes de sa catégorie, il se fait colon, et fonde une vaste exploitation qu'il dirige pendant plusieurs années sans s'inquiéter des miasmes mortels qui l'enveloppent au milieu de la plaine marécageuse où il a dressé sa tente. Enfin sonne pour lui l'heure de la repatriation ; son premier soin, en arrivant chez lui, est de donner congé à ses fermiers qui l'acceptent d'autant plus à contre-cœur qu'ils ont réalisé déjà, dans l'espace d'un court bail, de magnifiques bénéfices.

Un an après avoir repris la direction de sa ferme, M. Durand signale sa rentrée dans le pays par sa réapparition au concours de Nîmes, où il retrouve tout le succès auquel il était habitué jadis. Mais, plus ambitieux cette fois, il mène lui-même sa bande victorieuse contre de nouveaux et plus redoutables adversaires, et fait saluer, lui le premier, le pavillon de l'élevage aveyronnais au concours national de Poissy, où un deuxième prix lui est décerné.

M. Durand était arrêté depuis plus de vingt ans, par des difficultés administratives, dans l'achèvement ardemment souhaité de son grand travail d'irrigation commencé en 1829 par la construction d'une digue sur l'Aveyron et d'un canal long de 3 kilomètres. Après de nouvelles tentatives, et grâce aux dispositions éclairées de l'administration actuelle, ces difficultés ont enfin été aplanies, et M. Durand met en ce moment la main à l'exécution de son projet le plus cher et le plus vaste, dont le but est d'ajouter 3 nouveaux kilomètres à son canal de dérivation et d'élever, par un moteur hydraulique, un volume d'eau considérable sur les hauteurs de Gros pour abreuver et laver largement les étables et porter à flots les eaux de la rivière chargés des fumiers de la ferme sur plus de 100 hectares de terre jusqu'à présent non irrigables.

Nous laisserons à des juges plus autorisés que nous sous tous les rapports d'apprécier les œuvres de M. Durand, nous nous contentons de les citer. Pour remplir toute notre tâche, nous croyons devoir reproduire un passage du mémoire de M. Durand pour le concours régional, mémoire qu'il a eu l'heureuse idée de publier. Nous avons déjà exprimé le regret que ses concurrents n'aient pas eu une semblable pensée. Nous terminerons par quelques extraits des rapports sur les concours pour la prime départementale de 1840 et de 1841 :

« ...En résumé, mes titres à l'obtention de la prime régionale sont :

» 1° D'avoir introduit, dès 1814, la méthode du chaulage, méthode que j'ai appliquée en grand, au point d'employer sur mes terres, dans une année, jusqu'à 800 mètres cubes de chaux, que je fabriquais au prix de 5 francs l'un, dont je ne déboursais guère que la moitié, employant à cette fabrication domestiques et attelages dans les moments perdus pour la culture.

» 2° D'avoir, le premier dans la contrée, c'est-à-dire en 1820, supprimé la jachère par la généralisation de la culture fourragère.

» 3° D'avoir, un des deux premiers dans le pays, employé la charrue Dombasle, et le premier substitué complétement cette charrue à l'araire du pays.

» 4° D'avoir fait, il y a trente ans, plusieurs kilomètres de drainage, et ce de la manière la plus économique, c'est-à-dire au moyen des pierres dont je débarrassais mes champs.

» 5° D'avoir fait des travaux d'irrigation considérables, entre autres huit bassins destinés à utiliser autant de sources ; la dérivation du ravin d'Arsaguet et celle de l'Aveyron, au moyen de barrages en pierre et des canaux, dont l'un a 3 kilomètres de long ; plus, d'avoir, aux dépens du jet de ce canal, établi une digue au bord de la rivière qui garantit 20 hectares de pré de toute inondation.

» 6° De m'être procuré, par le retour de l'eau de mon canal au lit de la rivière, une chute de la force de plus de trente chevaux applicable à divers usages, et que je suis en train d'utiliser pour élever une certaine quantité d'eau pour l'usage de mes étables, de ma cuisine et pour l'irrigation du mamelon environnant ma maison.

» 7° D'avoir fondu en quelques grandes pièces une multitude de petites incultivables par les procédés perfectionnés, à cause de leur exiguïté et de leur irrégularité, et d'avoir formé de grandes prairies aux dépens de plusieurs petits prés, dont les clôtures occupaient une notable partie et faisaient obstacle à une irrigation régulière.

» 8° D'avoir remplacé les murs de clôture, de dispendieux entretien, par des haies d'aubépine qui donnent du revenu.

» 9° D'avoir, aux dépens des murailles dont je débarrassais mes champs, construit une longueur de 116 mètres d'étables, avec granges et greniers superposés, etc., ainsi qu'il a été dit plus haut, dont le service est le plus facile et le plus économique possible.

» 10° D'avoir, avec la pierraille dont je purgeais mes terres, construit des chemins réguliers qui mettent les diverses parties du domaine en communication avec les bâtiments d'exploitation.

» 11° D'avoir formé un domaine dont la culture peut se faire avec plus de perfection et avec un tiers de frais de moins que celle de pareille étendue de terres du voisinage, grâce aux agencements sus-énoncés.

» 12° D'avoir perfectionné dans le pays les méthodes d'engraissement des bœufs, objet pour lequel j'ai obtenu un certain nombre de prix et médailles aux concours de Nîmes.

» 13° D'avoir, par mes recherches sur la législation des irrigations et la pratique de ce mode d'amélioration, obtenu la médaille d'or décernée en 1839 par la Société royale et centrale d'agriculture de Paris.

» 14° D'avoir, en 1841, obtenu la grande prime départementale d'agriculture pour l'introduction de nouvelles méthodes de culture couronnées de succès.

» 15° D'avoir, tout en marchant des premiers dans

la voie des bonnes méthodes sanctionnées depuis par l'expérience, résisté à l'engouement général des mauvaises, qui devaient amener la ruine du pays. Non-seulement je n'ai pas planté des mûriers, mais j'ai opiniâtrément combattu, dans le *Journal de l'Aveyron*, l'introduction de cette culture dans notre département, et j'ai vu ses plus ardents promoteurs être les premiers à briser la divinité dont ils avaient propagé le culte. » (*Mémoire* publié en 1860.)

Nous lisons le passage suivant dans le rapport de la Commission d'examen pour le concours départemental annuel de 1840 :

« Mais retournons sur nos pas et, après avoir traversé la riche plaine de Saint-Mayme, pénétrons jusqu'à Gros qui en forme l'extrémité.

» Ici nous allons à pas de géants. Il y a vingt ans à peine que Gros et Arsac étaient de mauvaises fermes, produisant peu et réputées non susceptibles de produire. M. Durand, à l'imagination toute méridionale, a changé la face de toute cette contrée. A des récoltes chétives, à des pâturages rares et de mauvaise qualité, il a fait succéder de riches céréales, des prairies naturelles et artificielles de la plus belle venue ; on se croirait transporté dans les vallées plantureuses de la Normandie en parcourant les prairies que M. Durand a créées ou améliorées. Il n'a été arrêté par aucune difficulté dans la tâche qu'il avait entreprise. Il a fait extirper le roc dans les pièces qui en étaient hérissées ; il a défoncé le terrain à une grande profondeur ; il a, au moyen d'un barrage sur l'Aveyron, pratiqué un **canal de 2,900 mètres** de longueur, pour arroser les prés, et, dans un domaine où l'on pouvait à peine entretenir quelques animaux, il a trouvé le moyen d'engraisser tous les ans cent bœufs et sept à huit cents moutons. Les frais extraordinaires de l'établissement de ce canal se sont élevés à 9,000 fr., suivant l'état fourni par le concurrent. Gros et Arsac ont coûté 120,000 fr. ; aujourd'hui ces deux fermes valent plus de 300,000 fr., et leur produit a suivi progressivement la valeur intrinsèque du sol.

» Une si grande prospérité agricole aurait lieu de nous surprendre si les faits n'étaient pas là pour attester les immenses résultats obtenus par M. Durand. »

L'année suivante, le rapport de la Commission départementale confié à la plume de M. Vesin, l'éminent orateur du barreau de Rodez, et alors procureur du roi, s'exprimait en ces termes sur le même candidat :

« Si nous avons laissé à Billorgues l'agriculture classique et méthodique, le progrès lent et continu, c'est une autre physionomie que nous allons trouver à la ferme de Gros. La manière de MM. Tarayre et Durand ne diffère pas moins que leur style, et le mot de Buffon n'a jamais été mieux justifié.

» En voyant aujourd'hui le domaine de Gros, ce n'est point une transition ni une amélioration, c'est une transformation que l'on voit. Ce n'est point un système qu'on ait vu naître, grandir, se perfectionner ; c'est une œuvre en bloc, hardiment conçue, rapidement et énergiquement exécutée. Où sont les livres qui ont donné à M. Durand ses inspirations ? Où sont les agriculteurs

qui n'ont pas souri d'incrédulité en lisant les proclama-
tions où il annonçait d'avance les merveilles qu'il allait
opérer ? Ce canal de 3 kilomètres de longueur pour
aller chercher au loin les eaux de l'Aveyron, n'était-ce
point une conception gigantesque, désordonnée, sans
relation possible entre les résultats et les dépenses ? Cet
abandon, ou pour mieux dire, cette proscription de
la vieille culture du froment pour y substituer celle des
avoines, comme produisant plus et se mariant mieux avec
les semences de plantes fourragères, ne choquait-elle
pas la pratique la plus enracinée du pays et les préjugés invétérés de nos laboureurs, malgré les déceptions
les plus constantes en présence d'une concurrence qu'il
n'est pas dans notre destinée, nous ne dirons pas de
vaincre, mais de combattre ?

» Aujourd'hui cependant, il faut ouvrir les yeux à
l'évidence et reconnaître que M. Durand a bien vu, et
qu'une fois le but reconnu, il a marché avec résolution
et succès. Considérez ces vastes plaines, où une multitude d'animaux sont saturés ; considérez ces vastes
granges, qui ne suffisent pas à la quantité des récoltes.
C'est à peine si la pensée vous viendra de vous armer
de l'article 4, posé pour règle du concours. A quoi vous
serviront d'ailleurs les procédés de l'analyse et les critiques de détail? Direz-vous à M. Durand qu'il ne
justifie pas suffisamment l'exactitude du chiffre de ses
dépenses, qu'il n'établit pas d'une manière incontes-
table le chiffre net de ses revenus? que son évaluation
est plutôt approximative que rigoureuse? qu'il étonne
plus qu'il ne démontre? que sa manière de cultiver

est plutôt une branche qu'un ensemble d'administration agricole? Il nous répondra : « J'ai trouvé ici
» 300 hectares de terres sans blé, quelques attelages
» improductifs, neuf ou dix vaches sans lait, deux ou
» trois cents brebis sans agneaux ; aujourd'hui, non-
» seulement je nourris, mais j'engraisse par masses,
» sept cents moutons, cent bœufs, *au plus fort de
» la canicule,* et voilà mes pailles et mes foins, dont
» mes animaux font litière. Quel est celui qui a montré
» comme moi les richesses que recèle notre pays, pour
» la nourriture des bestiaux, seule ressource du pré-
» sent, seule espérance de l'avenir ? Laissons donc là
» toutes ces vétilles dont vous me parlez, et montons
» au Capitole..... » Et en effet, il y monte..., et, en
vérité, on est presque tenté de l'y suivre. »

Le fier et vaillant soldat de l'agriculture, dont les actions
inspiraient ce magnifique langage aux éloquents rapporteurs aveyronnais, et qui, parvenu à sa soixante et
onzième année, combat encore au premier rang sous le
drapeau du travail et du progrès, M. le rapporteur de la
Commission régionale a daigné à peine jeter sur lui un
regard en passant : au bas d'une liste de cultivateurs men-
tionnés pour des œuvres de détail, telles que *la bonne construction d'une bergerie* ou *des labours bien exécutés,*
nous découvrons le nom d'un M. Durand, cité « pour
sa déviation de l'Aveyron. »

Nous terminerons cet article par une seule remarque:
le procédé dont on a usé envers le doyen de nos agri-

culteurs est réputé inexplicable. Néanmoins, si nous étions forcé d'y trouver une explication, nous la chercherions dans la situation exceptionnelle que M. Durand s'est créée jadis par une façon particulière de penser et d'agir en certaines matières qui ne furent jamais du ressort des commissions agricoles. S'il était vrai que la Commission régionale du concours de Rodez eût obéi à des inspirations aussi contraires à son mandat, nous savons quelqu'un que cette conduite blesserait plus vivement que M. Durand lui-même : c'est le souverain, dont les intentions élevées auraient été si misérablement méconnues.

Que pas un Aveyronnais ne l'ignore et que la France entière l'apprenne : une des pages les plus instructives et les plus saisissantes d'intérêt, une des pages les plus monumentales de l'agriculture nationale, notre Rouergue l'a fournie dans les phénomènes de progrès agricole dont il est le théâtre depuis quarante ans. Mais cette page glorieuse reste voilée par une tache dans les fastes rustiques que les commissions régionales ont été chargées d'écrire par la plume de leurs rapporteurs. En effet, on avait reçu le mandat de faire connaître au pouvoir et au pays la situation de l'agriculture aveyronnaise, les voies nouvelles qu'elle s'était frayées, la distance qu'elle avait parcourue, les exemples les plus utiles qu'elle aurait offerts. Eh bien ! on a reconnu que, tout Rouergats que nous sommes, de grandes choses ont été accom-

plies par nous ; mais ces grandes choses, on a jugé
à propos de ne les pas nommer ! On déclare que *jamais prime d'honneur ne fut plus vivement disputée et
par des concurrents plus sérieux et plus méritants ;* on
fait cet aveu, et l'on se dispense de nous donner le
moindre aperçu comparatif des œuvres et des ouvriers
dont le mérite a motivé un témoignagne aussi éclatant !
*On regrette de n'avoir pas plusieurs primes d'honneur
à distribuer*, et, en même temps, par la plus étrange
logique, on déclare qu'un seul a rempli les conditions
posées par le programme du concours, et que ses rivaux se recommandent uniquement par des opérations
de détail ! On passe sous silence tous les faits culminants
de notre existence agricole, les faits qui mettent le plus
vigoureusement en relief les puissantes énergies, les
qualités fortes, quelquefois brillantes, de nos natures
tout à la fois montagnardes et méridionales, et qui
constituent notre plus égitime orgueil; et l'on proclame
avec pompe, comme le plus magnifique triomphe de
notre agriculture et comme le sublime effort de son
génie, une pratique et des résultats.... que nous pensons avoir fait connaître !...

L'honneur de notre département, les droits privés, le
crédit et l'influence des grands concours agricoles, la
dignité de l'administration, qui les a organisés et qui
les préside, enfin le respect de la volonté souveraine
qui les a décrétés dans une pensée toute d'équité et de
sollicitude pour les intérêts de la production, tout ré-
clame impérieusement contre cette erreur inouïe devant
laquelle nos cultivateurs restent confondus et découragés.

Pour remplir l'objet de ce modeste mais consciencieux travail, il ne suffit pas que nous ayons montré ce qu'il y a de vicieux et de regrettable dans les actes du concours de Rodez, nous avons dû en outre nous demander si cet accident local n'était pas en partie l'effet de quelque imperfection dans l'organisation générale des concours pour la prime d'honneur, et si, pour empêcher qu'il se reproduise, il n'y aurait pas certaines modifications à faire dans les dispositions de cette institution naissante. L'opinion que nous nous sommes formée là-dessus après y avoir bien réfléchi, est présentée dans les quatre propositions qui suivent et que nous soumettons respectueusement aux autorités compétentes :

Nous proposons :

1° Que les débats du concours pour la prime d'honneur soient publics et contradictoires, c'est-à-dire que les mémoires des concurrents soient imprimés et puissent être réciproquement discutés par eux et en face de tout le monde ;

2° Que la commission d'examen — dont l'avis a naturellement une influence à peu près décisive sur le verdict du jury — cesse d'être exclusivement composée de membres étrangers au département où ils sont appelés à opérer, et qui, par suite, sont tout aussi étrangers à la connaissance de l'histoire et des conditions spéciales de l'agriculture d'un pays qu'ils voient souvent pour la première fois et à travers lequel ils passent en courant pour retourner au plus vite à leurs affaires ; nous proposons que la moitié des membres de cette commission soit prise dans le sein de la Société d'agriculture départementale ;

3° Que, pour écarter un motif de suspicion légitime, il soit interdit aux personnes qui ont l'intention de concourir pour la prime d'honneur, de faire partie des commissions et des jurys appelés à fonctionner dans un département quelconque de leur région ; car ceci équivaut à la faculté de se préparer, pour l'avenir, dans la mesure de son influence et de son vote, des juges de son choix, — les lauréats de la prime d'honneur devenant, comme on sait, membres de droit des commissions d'examen pour tous les concours ouverts dans la région ;

4° Que les commissions d'examen soient composées, dans la plus grande proportion possible, de *véritables cultivateurs*, c'est-à-dire de praticiens qui exploitent par eux-mêmes, pour leur compte, à leurs risques et périls, et que les subventions de l'État n'ont pas dispensés de faire connaissance avec les principales difficultés de la profession ; que, surtout, dans l'intérêt de son prestige non moins que dans l'intérêt public, l'administration s'interdise de confier le mandat de juger des agriculteurs sérieux à des agriculteurs déclassés qui se seraient réfugiés dans les emplois administratifs après avoir essuyé une déroute complète sur le champ de bataille de la pratique.

Juin 1861.

P.-S. — Le retard que l'impression de ce Mémoire a subi par suite de difficultés imprévues, nous permet de mettre sous les yeux de nos lecteurs les appréciations du *Journal d'agriculture pratique* relatives au concours de Rodez pour la prime d'honneur. Nous sommes heureux de nous rencontrer, sur ce terrain scabreux de la critique, avec une autorité aussi grave et aussi respectée que celle de la feuille qui vient d'être nommée et de son éminent écrivain :

« J'arrive à l'attribution de la grande prime d'honneur : elle a été décernée à **M.** Hippolyte de Monseignat, pour son domaine du Cluzel, dans l'arrondissement de Rodez. Sept médailles d'or ont été décernées à MM. Barascud, Dissez, Durand (de Gros), Dufau, Rodat (de Druelle), Rodat (d'Olemps) et Itier. En écrivain véridique, je dois constater qu'un des lauréats, M. Durand, a protesté contre la décision du jury et déclaré qu'il refusait, pour son compte, la médaille d'or. Quelques applaudissements ont répondu à la protestation, dont les termes, couverts par les fanfares de la musique, nous ont échappé. L'absence de tous les concurrents à la prime d'honneur, le vainqueur excepté, au banquet où ils avaient été invités, a été remarquée et interprétée comme un signe de mécontentement.

» Quand nous aurons à exposer avec détail les travaux qui ont valu à M. de Monseignat la prime d'honneur, nous consacrerons quelques lignes à ses rivaux ; mais, dès à présent, nous devons déclarer que le rapport du jury a été unanimement jugé très-incomplet et

tout à fait insuffisant pour permettre au public de con-
trôler sa décision. Après un exposé beaucoup trop
sommaire des travaux agricoles de M. de Monseignat,
le rapporteur n'a pas daigné consacrer une seule phrase
aux fermes des autres concurrents. Il ne les a pas même
fait connaître. Il s'est borné à dire que des médailles
d'or étaient accordées à messieurs tels et tels pour certaines œuvres agricoles désignées en trois ou quatre
mots : bergerie, drainage, dérivation des eaux, labour, etc. De pareils procédés ne pourraient répondre
ni aux vœux du gouvernement, qui entend être initié à
la situation agricole d'un pays dans ce qu'elle a de plus
avancé, ni à l'intérêt général, qui demande à être
éclairé et édifié, ni même à la dignité du lauréat vainqueur, qui entend conquérir une gloire sérieusement
discutée, et c'était le cas, cette fois, de l'aveu même
du rapporteur, qui, au début de son discours, a déclaré
que le jury s'était senti fort embarrassé entre des concurrents de mérite à peu près égal... Le crédit des
concours régionaux serait gravement compromis si le
silence à l'égard de tous les concurrents, sauf un seul,
passait dans les habitudes des jurys. Cette façon d'agir
a justement blessé M. Durand et ses confrères, et le
public, sans se porter juge entre les candidats, a senti
comme eux. »

Tout le département a applaudi à ces trop justes
observations de M. Jules Duval. Nous y trouvons néanmoins une légère inexactitude à relever. Plein d'une
égale bienveillance pour tous les concurrents, ses com-

patriotes, et comprenant en outre que sa mission de journaliste n'était pas de se poser en arbitre du débat, M. Jules Duval a redouté de se donner l'air de partager les préférences du public en les constatant. Dans cette préoccupation, il a cru pouvoir prêter à nos Aveyronnais, par une licence toute littéraire, une attitude de réserve et de neutralité à laquelle ils n'étaient pas tenus comme lui, et qu'ils sont loin d'avoir observée. Oui, certes, le public aveyronnais s'était fait juge entre les concurrents, et son verdict à lui, on peut l'affirmer sans hyperbole, a été *unanime*, *unanimement contraire à celui du jury*.

En donnant la liste des récompenses distribuées par le jury du concours, le *Journal d'agriculture pratique* fait observer qu'il ne peut faire connaître « celles qui ont été accordées aux valets de la ferme primée, celles-ci n'ayant pas été livrées, nous ne savons pourquoi, à la publicité. »

Les opérations du concours de Rodez ont présenté bien d'autres irrégularités de forme dignes de la surprise de M. Jules Duval, et qui semblent trahir je ne sais quelle précipitation et quel trouble. La distribution des 500 francs réservés aux valets de M. de Monseignat n'a pas été faite, ni proclamée, ni annoncée, ni mentionnée ; les médailles d'accessit à la prime d'honneur n'ont pas été distribuées publiquement ; la liste officielle des lauréats de la prime d'honneur, donnée une première fois par *le Napoléonien*, présentait les noms *par ordre alphabétique :* le rapporteur avait suivi un tout autre ordre. Enfin, dans cette première liste, figuraient *sept* lauréats au lieu de *six*. Une entre-parenthèse, placée au bas du rapport de M. d'Ussel, publié dans *le Napoléonien*, nous apprend que M. ITIER *avait été nommé par erreur.*